60分でわかる！ THE BEGINNER'S GUIDE TO
INTERNET OF THINGS

IoT

［改訂2版］

ビジネス最前線

IoTビジネス研究会 **著**

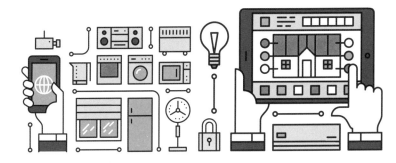

技術評論社

Contents

Chapter 1
今さら聞けない！ IoTの基本

001	これがIoTだ！	8
002	走る巨大なセンサー？ IoTが創る未来の自動車像とは？	10
003	IoTで新産業が活性化！ 「UBER」「MaaS」「Airbnb」	12
004	人手不足を解消する「スマートホテル」	14
005	身に付けるIoT「ウェアラブルデバイス」	16
006	在庫管理から自動発注までを担う「スマートマット」	18
007	すでにこれだけの商品が実用化されている	20
008	なぜIoTが普及したのか	22
009	IoTで生活がどう変わる？	24
Column	IoTで介護が変わる！ 「がんばらない介護」へ	26

Chapter 2
ここまで進んだ！ IoT活用の今

010	化学工業におけるIoTへの取り組み	28
011	ドローン点検で建物の劣化箇所を見抜く	30
012	日本酒の醸造を支える旭酒造の取り組み	32
013	稼働状況を可視化して業務の効率化を図る「KOMTRAX」	34
014	水産業で期待されるIoT活用	36
015	地域を活性化！ IoTでおもてなしを強化する	38
016	IoTで待ち時間のストレスを緩和する	40
017	移動を便利にする「自転車シェアリング」	42
018	IoTと5Gで進化する「スマートハイウェイ」	44
019	医療・介護分野への導入が進むIoT	46

020　IoTで進化する鏡「スマートミラー」 ………… 48

021　注意が必要なIoTのセキュリティ ………… 50

022　IoTデバイスの脅威となる「Mirai」 ………… 52

023　IoTの国際標準ってあるの? ………… 54

024　国内・国外で進むIoTプロジェクト ………… 56

025　IoTのメリットとデメリット ………… 58

Column　IoT成功のカギはスマートフォンが握る? ………… 60

Chapter 3
これでわかった!　IoTを支える技術

026　IoTを構成する「デバイス」「ゲートウェイ」「サーバ」 ……… 62

027　デバイスの役割は「センシング」と「フィードバック」 ……… 64

028　ゲートウェイの役割は「デバイスとネットの架け橋」 ……… 66

029　IoT普及の後押しとなった「SoC」 ………… 68

030　「センサー」がなければただの「モノ」 ………… 70

031　センシングを支える最新センサーの数々 ………… 72

032　多様化するセンシングとフィードバック ………… 74

033　IoTの可能性はフィードバック次第 ………… 76

034　IoTで利用される無線通信規格 ………… 78

035　IoTで注目される近距離無線通信と規格 ………… 80

036　IoTの実現に欠かせない国際規格「6LoWPAN」 ………… 82

037　IoT時代に適したWi-Fi規格 ………… 84

038　低消費電力で長距離通信を可能にする「LPWA」 ………… 86

039　IoTを支える「5G」の可能性 ………… 88

040　使用する無線技術を選ぶポイント ………… 90

041　ビッグデータとIoTの関係って?⋯⋯⋯⋯⋯⋯⋯⋯⋯⋯⋯⋯⋯⋯92

042　ビッグデータ分析には人工知能の活用が欠かせない⋯⋯⋯⋯⋯94

043　人工知能の核となる「ディープラーニング」⋯⋯⋯⋯⋯⋯⋯96

044　ディープラーニングを加速させる「GPU」⋯⋯⋯⋯⋯⋯⋯⋯98

045　「組み合わせ最適化問題」を解決する最新コンピュータ⋯⋯⋯100

Column　IoT時代の救世主となる「エッジコンピューティング」⋯⋯⋯102

Chapter 4
低価格で誰でもできる! 身の丈IoTの第一歩

046　社内IoTを試すのに最適なものとは?⋯⋯⋯⋯⋯⋯⋯⋯⋯⋯⋯104

047　IoTビジネスに必要なものを確認する⋯⋯⋯⋯⋯⋯⋯⋯⋯⋯106

048　リスクやコストを低減させる「プロトタイプ開発」が重要⋯⋯108

049　継続的な改善を実現する開発手法⋯⋯⋯⋯⋯⋯⋯⋯⋯⋯⋯⋯110

050　【デバイス編】センサー選びは目的や条件に合わせて⋯⋯⋯112

051　【デバイス編】マイコンボードはどれがよい?⋯⋯⋯⋯⋯⋯114

052　【デバイス編】高速処理を実現する超小型AIコンピュータ⋯116

053　【クラウド編】開発の土台となる「IoTプラットフォーム」⋯⋯118

054　【クラウド編】IoTプラットフォームの選定方法⋯⋯⋯⋯⋯⋯120

055　【クラウド編】データ分析はビジネス活用の重要な役割を担う⋯122

Column　IoTの展示会に足を運ぼう!⋯⋯⋯⋯⋯⋯⋯⋯⋯⋯⋯⋯⋯124

Chapter 5
チャンスを逃すな!　IoTビジネスの可能性

056　IoTによりビジネスモデルが大きく変わる!…………………126

057　IoTを活用した4パターンのビジネスモデル…………………128

058　市場はどこまで伸びる?　IoTの将来性 …………………130

059　これからIoT市場に参入して勝ち目はある?………………132

060　新しい発想が重要!　カギは「アイデア力」……………134

061　クラウドファンディングを利用する …………………136

062　成功の秘訣は他業種とのパートナーシップ …………………138

063　IoTを活用しやすい企業・活用しにくい企業 ……………140

064　業種別!　IoT活用パターンを知る …………………142

065　IoTによる可視化が多くのメリットをもたらす …………………144

066　IoTの応用は無限大!　発想次第で思わぬ展開も …………………146

067　IoTと働き方改革 …………………148

068　ビッグデータの活用が未来を創る …………………150

069　未来を切り拓くIoT …………………152

IoT関連企業リスト …………………154

IoT開発製品販売サイト …………………156

索引 …………………158

今さら聞けない!
IoTの基本

001

これがIoTだ!

ビジネスや生活を一変させるIoTとは？

　日本では「モノのインターネット」と訳されているのが、IoT（Internet of Things）です。近年で急速に耳にするようになったキーワードでもありますが、現状では言葉のみが先行して、IoTにはどんな特徴があり、IoTが私たちにどんな恩恵をもたらすのかについては、まだ十分に理解されていないようです。

　まずIoTは、センサーを搭載した「モノ」どうしが通信機能を持つようになるしくみだとイメージするとわかりやすいでしょう。身の回りにあるモノ、つまりパソコンやスマートフォン、家電、自動車、はたまた住居などが、インターネットを介してつながるようになることで、生活を豊かで便利なものにしてくれます。インターネットでモノとモノとが連動し、お互いが自律的に制御や活動を行うようになるしくみ、つまり「**人が介在しなくても、モノが自動でサービスを提供してくれるシステム**」がIoTなのです。

　「デバイス」「センサー」「インターネット」の3つのしくみさえあれば、あらゆるモノ・コトへの応用が可能なことから、IoTは次世代産業に欠かせないものとなり、私たちのライフスタイルまでも一変させるといわれています。すでに物流や自動車、ヘルスケアや暮らしなど、さまざまな分野で活用が進んでいます。IDC Japanの発表によれば、日本国内のIoT市場規模は、2024年に12兆6,363億円に達すると予測されています。

　本章ではさまざまなIoTサービスの概要としくみを紹介しながら、その魅力を紐解いていきます。

IoTでモノ自体が人にサービスを提供する時代へ

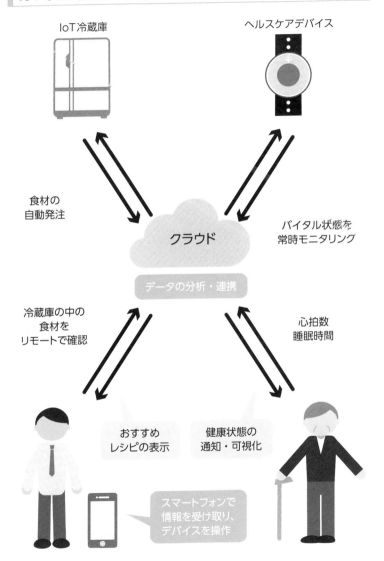

IoT冷蔵庫

ヘルスケアデバイス

食材の
自動発注

クラウド

バイタル状態を
常時モニタリング

データの分析・連携

冷蔵庫の中の
食材を
リモートで確認

心拍数
睡眠時間

おすすめ
レシピの表示

健康状態の
通知・可視化

スマートフォンで
情報を受け取り、
デバイスを操作

▲IoTでは、モノがインターネットにつながることで自律的に制御や活動を行うようになり、自動でサービスを提供してくれる。

002

走る巨大なセンサー？
IoTが創る未来の自動車像とは？

センサーとクラウドが未来の自動車を創造する

　IoTで熱い注目を浴びている分野の1つが自動車業界で、そのキーワードとなるのが「**コネクテッドカー**」です。コネクテッドカーとは、外部ネットワークへの接続機能を備えた自動車のことです。すでに自動車のIoT化は進んでおり、渋滞・事故情報の提供や盗難車追跡、アップデートなどが行えるカーナビゲーション・システムはお馴染みの存在ですし、事故や故障などによる緊急時の自動通報・支援要請サービスや、自動車に搭載されている各種センサーやドライブレコーダーの情報を使った自動車保険の割引サービスなども登場しています。

　そして今、急ピッチで開発が進んでいるのが「**自動運転車**」です。自動運転車の実現には、高度な光学カメラや物体検出センサー、画像認識センサー、光やレーザーを利用した画像検出・測距を可能にする「LiDAR」に加えて、各種センサーから得られたデータを適切に解析・処理できる車載AIと、自車のみならず他車とも連携して周囲の交通環境を総合的に解析・処理できるクラウドサービスが必要であり、そのためにIoTは欠かせない技術です。**IoT技術こそが自動運転車実現のカギを握る**といっても過言ではありません。

　急速に発展するIoT技術は、間違いなく近い将来、自動車に革命的な進化をもたらします。法的な問題やセキュリティへの課題など、実現にはまだまだ課題が山積していますが、遅くとも2030年代には、乗りこむだけで目的地まで連れて行ってくれる夢のような自動車が登場するでしょう。

IoTが実現する自動車の未来像

| 運転手が眠っている間に目的地に到着 | 自動車が取得した情報を企業や関連機関にフィードバック | 緊急時に自動で通報したり救助要請したりできる |

▲自動車がインターネットにつながることで、ドライバーの負担を減らして安全な移動を実現できる。交通渋滞も回避できるため、より快適に運転することができるだろう。

最新技術を盛り込んだトヨタのコンセプトカー「LQ」

▲AI「YUI」を搭載し、自動運転レベル4相当の機能を備えるトヨタのコンセプトカー「LQ」。無人自動運転で駐車したり、AR表示を可能にしたりするなど、最新技術が盛りだくさんだ。

003

IoTで新産業が活性化！
「UBER」「MaaS」「Airbnb」

IoTが革新的イノベーションをもたらした交通業界や宿泊業

　自動車産業以外にも、IoTが革新的なイノベーションをもたらした業界は多数あります。その代表例が「UBER」です。スマートフォンのアプリとGPSを利用して、タクシーの車種や現在位置、空車情報をリアルタイムでクラウドに収集します。利用者のリクエストとGPSによる位置情報をマッチングすることで、無駄を最小限に抑えた配車システムを実現し、タクシー業界に革命を起こしました。

　また、最近ではIoT技術を使って自家用車以外のすべての交通手段の情報をクラウドに集約し、シームレスな移動サービスを実現する「MaaS（Mobility as a Service）」と呼ばれる概念も登場しています。MaaSによって都市の交通手段が効率化されれば、ユーザーの利便性向上や経費削減、省エネ、渋滞の緩和、環境汚染対策などにつながることでしょう。来たるべきスマートシティのインフラとして期待が高まっています。

　さらに、「Airbnb」の登場で「民泊」という新たな営業形態が出現し、宿泊業界の構図は大きく変わりました。Airbnbがこれほど市場で歓迎された理由として、IoTの存在が非常に大きいといえます。Airbnb自体は、基本的に貸し手と借り手のマッチングサービスに過ぎませんが、収集した膨大なビッグデータをもとにAIを使って宿泊需要を予測する「Pricing Tips」や、適切な宿泊料をAIで算出するサービスを顧客に提供しています。また、鍵の受け渡しや宿泊客の入退室をオンラインで自動管理できる「スマートロック」など、スマートホーム用IoTデバイスは民泊に最適な技術なのです。

IoTが人と車、宿をつなぐ

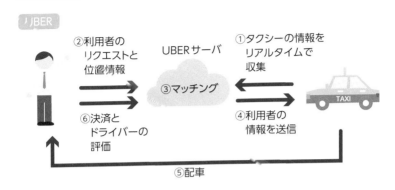

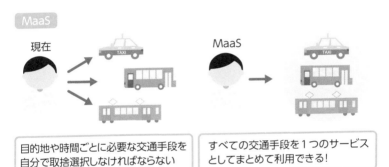

▲IoTによって人の移動や宿泊サービスのあり方が変わりつつある。より快適な暮らしを実現するためには、IoTは欠かせない技術といえるだろう。

004

人手不足を解消する「スマートホテル」

少子高齢化による人手不足の救世主となるIoT

　IoTは新サービス創出だけでなく、既存サービスの効率化や生産性向上、省エネ化、省人化にも威力を発揮します。IoTを利用して大幅な省人化に成功した典型例が「**スマートホテル**」です。

　スマートホテルの営業形態はホテルによって異なりますが、基本要素としては、「オンライン予約システム」「チェックイン機やタブレットを利用したチェックイン／アウトの自動化」「スマートロックによる入退室・施錠／解錠の自動化」「専用端末などで室内設備の集中制御」「AIコンシェルジュ」などがあります。飲食サービスや清掃作業には人手が不可欠なため、完全な無人化は難しいですが、タブレットであれば多言語対応が容易です。室内設備の利用状況を数値で見える化することができるため、サービス向上や省エネ化につなげやすいなど、普通のホテルより優れた面もあります。

　国内に8店舗を展開する「**&AND HOSTEL**」では、あえて飲食サービスを省くことで、清掃作業以外のスタッフは1〜2名という驚くべき省人化を実現しています。さらに、IoTを利用してこれまでとは違った魅力を提供するホテルとして、H.I.Sグループが展開する「**変なホテル**」もあります。世界初のロボットホテルとしてギネスブックの認定を受けた変なホテルは、フロントやポーターなどの業務をすべてロボットに置き換えることで大幅な人件費削減に成功しました。同時に、人間のスタッフは最小限で、館内をロボットが動き回るというめずらしい光景が人気を博し、非常に高い客室稼働率と運営利益率を実現しました。

IoTで大幅な省人化に成功した「スマートホテル」

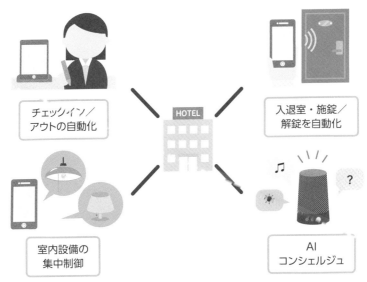

▲ホテルのIoT化によって、もっともコストのかかる人件費を削減することができる。そのほか、サービスを自動化することで、業務を効率化することが可能だ。

ロボットが接客する「変なホテル」

https://www.h-n-h.jp/

▲2015年7月に長崎県のハウステンボスに誕生した世界初のロボットホテル。環境にやさしい技術を取り入れており、ロボットを活用することで業務効率を向上させている。

005
身に付けるIoT
「ウェアラブルデバイス」

IoTとウェアラブルデバイスが医療を変える

　IoTでつながるモノは物品だけではありません。実は「ヒト」を含む生物も含まれているのです。そしてヒトをネットワークに接続するのが「**ウェアラブルデバイス**」です。その名のとおり身に付けるIoTデバイスのことで、腕時計やリストバンドタイプの製品のほか、眼鏡や指輪、衣服などさまざまです。

　ウェアラブルデバイスはセンサーを搭載した超小型のデバイスで、現在、もっとも活躍しているのがヘルスケア分野です。身体に直接装着するデバイスのため、歩数計や心拍計としての機能の搭載が容易で、多くのウェアラブルデバイスがセンサーから得られた情報をもとにした健康管理機能を備えています。

　加えて、最近ではより進んだ医療用デバイスも実用化されつつあります。温度センサーで体温を測定できる衣服型デバイスや、血圧測定が可能なリストバンド型デバイス、生体電位センサーを利用して心臓や筋肉、脳の活動を測定するパッチ型デバイス、目に装着するだけで視界に情報を表示するコンタクトレンズ型デバイスなどがすでに登場し、新たな製品の開発も進んでいます。

　この種の医療用ウェアラブルデバイスが本格的に普及すると、私たちの健康意識に大きな変化をもたらすことでしょう。**生体情報が見える化することで、一人一人に最適なソリューションを提案することも可能**です。ネットワーク経由で患者のバイタルサインを常時モニタリングするのが当たり前となる――そのような未来の医療は、もうすぐそこまで来ています。

医療を変えるIoT

心電図が表示可能になった
Appleの
「Apple Watch Series 4」

体温や呼吸状態、
心拍などを測定できる
マサチューセッツ工科大学の「E-TeCS」

患者の健康状態を常時モニタリング

オムロンの
ウェアラブル血圧計
「HeartGuide」

Mojo Visionの
AR機能を搭載した
スマートコンタクトレンズ

▲ バイタルサイン（体温、血圧、呼吸、脈拍などの情報）をネットワーク経由で常時モニタリングすることで、身体の異常を早期に発見することができる。IoTは人々の生活を支えるうえで欠かせない技術でもある。

006

在庫管理から自動発注までを担う「スマートマット」

シンプルなIoTデバイスで在庫管理を完全自動化

これまでIoTがビジネスに劇的な変化をもたらした例を挙げてきましたが、自動運転車や医療用ウェアラブルデバイスは最先端技術の塊であり、スマートホテルはある程度の規模のシステムを有します。ビジネスにおけるIoTの利用は、このような大がかりなものに限定されるわけではありません。ここで紹介する「**スマートマット**」のように、ちょっとしたアイデアで計り知れない価値を生み出す製品もあります。

スマートマットは、ハードウェア的には重量計にWi-Fi機能を追加しただけの板状のデバイスに過ぎません。システムのしくみも、定期的に重量を計測してクラウドに送信するだけですが、このシンプルなしくみこそが、在庫管理業務では大きな力を発揮するのです。倉庫の床や棚にスマートマットを敷き詰め、商品の重量をあらかじめ登録しておけば、重量ベースで自動的かつリアルタイムに在庫量を把握できるようになります。オプションの自動発注システムと組み合わせれば、「**在庫管理→商品発注→商品補充**」という一連のサイクルを完全に自動化し、発注業務の無人化を実現することができます。

人が目視で確認して伝票に記載するという面倒な作業や、POSレジなどを利用したそれなりの規模のシステムが必要だった在庫管理という業務を、IoTデバイス1つで完全自動化・無人化できてしまう。スマートマットは、自動運転車とはまた別のベクトルで、ビジネスにおけるIoTの可能性を見せつけた好例だといえます。

一連の発注業務を担う「スマートマット」

▲株式会社スマートマットショッピングが提供する「スマートマット」。在庫の見える化や補充・回収アラート、自動発注などさまざまな機能が搭載されている。

スマートマットのしくみ

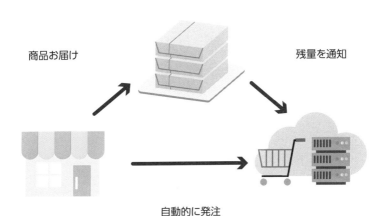

商品お届け　　　　　　　　　　　残量を通知

自動的に発注

▲スマートマットに対象商品を置くだけで在庫管理から発注までの業務を自動化してくれるため、発注業務にかかる労力や時間を削減することができる。

007

すでにこれだけの商品が
実用化されている

IoTは未来の技術ではなく、すでに多くの商品が登場している

　IoTは最新技術のイメージがありますが、実はすでに多くの製品が商品化されています。

　自動制御や遠隔操作に強いIoTが力を発揮する分野として、まず挙げられるのが防犯です。中でもスマートフォンを利用して遠隔地から施錠／解錠が可能なスマートロックは、すでに一般家庭にも普及しつつあります。また、鍵だけでなく、家全体の防犯を担うIoTデバイスもいろいろ登場しています。多数のカメラや人感センサー、開閉センサー、ライトなどをホームユニット経由でインターネットに接続し、IoTで家全体の防犯を実現するパナソニック社の「スマ＠ホームシステム」がその代表例です。さらに、お年寄りやペットの見守りサービスにもIoTは有効です。高齢者の安否を確認できる「みまもりほっとライン」や、ペットの健康状態を確認できる「ペットケアモニター」などのサービスもあります。

　そして、**新型コロナウイルスのような疫病対策でも、IoTは大いに役立っています**。たとえば、フューチャースタンダード社はIoTを利用して、顔認証用カメラと映像解析AIを併用した「手洗い・消毒記録サービス」や、二酸化炭素濃度をもとに3密状態を測定・警告する「換気状態検知サービス」、監視カメラと映像解析AIを使って人の密集度を可視化する「密集度検出ソリューション」といったサービスの提供を開始しました。IoTを利用すれば、都市封鎖のような極端な手段を取らなくても、感染症に対して有効な対策が講じられるようになる可能性があるのです。

生活に役立つIoTサービス

みまもりほっとライン

▲ 月額サービスと連動した、象印マホービンのIoT電気ポット「i-PoT」（アイポット）。無線通信機能を内蔵し、毎日の使用履歴を親族に遠隔で知らせることで、離れた土地で暮らす親の安否を確認できる。

ペットケアモニター

▲ 体重や尿量、尿回数などがクラウド上で解析され、何らかの異変が見られた際にスマートフォンに通知してくれる、シャープの「ペットケアモニター」。

IoTサービスは新型コロナウイルス対策にも有効

換気状態検知サービス

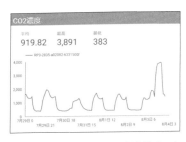

▲ センサーを使って二酸化炭素濃度から密室度合いを測り、定期的な換気を促す。

密集度検出ソリューション

▲ AIがカメラ映像から群衆の密集度をリアルタイムに推定することができる。

008

なぜIoTが普及したのか

IoTの加速度的な普及にスマートフォンの存在あり

　IoTという言葉は10年前はあまり耳にしませんでしたが、ここ数年で急激に認知されるようになりました。しかし、突如現れたわけではなく、IoTの概念は30年ほど前からありました。「センサーが取り付けられたモノとモノがネットワークを形成し、それらと同期するデバイスを使う人間にとって便利な環境を創る」、この概念は1988年にユビキタスコンピューティングと名付けられました。その後、ユビキタスネットワークという言葉が出現し、多少の変化を経てIoTという言葉が生まれたといわれています。

　そこから今日までにさまざまなサービスが提供され、世界に多大なるインパクトを与え続けていますが、それを支えてきたのが、**無線通信技術やセンサーテクノロジーなどの技術革新**です。近年で1つ例を挙げるとすれば、Bluetoothの省電力化規格「BLE（Bluetooth Low Energy)」でしょう。人が使うデバイスは小型化が必須であり、当然バッテリーも小さくなるので、その小さな容量に見合った電力消費にする必要があります。そこをBLEが担ったのです。

　このような技術革新と合わせて、**スマートフォンの登場なくしてはIoTの普及を語ることはできません**。あらゆるデバイスと人をインターネットにつなぐインターフェースとしての活躍ぶりもそうですが、スマートフォンを持つことは、人々の一般的なライフスタイルになっています。現在では、手放されることがないこの機器をハブにして、IoTのビジネスモデルが設計されているため、スマートフォンがIoTの普及を加速させているのは確かです。

IoTの普及を押し進めた、BLEとスマートフォンの存在

あらゆる分野のサービスへ波及

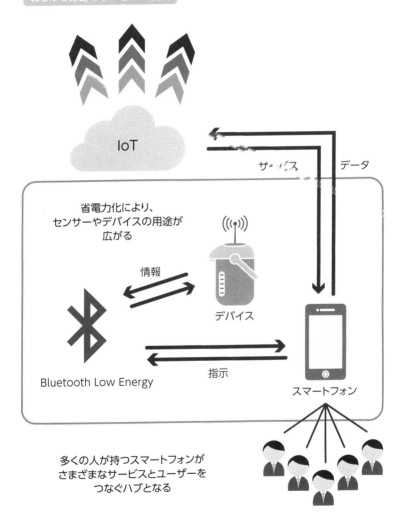

IoT

サービス　　データ

省電力化により、
センサーやデバイスの用途が
広がる

情報

デバイス

Bluetooth Low Energy

指示

スマートフォン

多くの人が持つスマートフォンが
さまざまなサービスとユーザーを
つなぐハブとなる

▲ 「デバイス」と「インターネット」のハブとなるスマートフォンと、省電力のBLEにより、
IoTの可能性はより広がった。

009

IoTで生活がどう変わる?

モノが自動で記録や管理を行う時代がやってくる!?

　いい切ってしまえば、テクノロジーは、人間の便利さの追求に徹してきた分野だといえます。テレビやエアコン、冷蔵庫により、季節に左右されない快適な環境で娯楽を楽しめ、食料の保存も心配ありません。今ではあたりまえのこの環境も、テクノロジーなくしては実現しませんでした。そして現在、IoTにより、また新たなライフスタイルが創出されようとしています。

　IoTが「私たちの生活を変える」といわれる大きな理由は、モノの性能の向上だけではなく、モノを使用する人の行為自体を変化させる可能性があるからです。たとえば「スマート冷蔵庫」と呼ばれるIoT冷蔵庫、サムスンの「Family Hub」にはカメラが内蔵され、ドア表面には大型タッチスクリーンが付属しており、スクリーンには買い物リストなどの表示のほか、インターネット接続すれば食材の注文が可能です。また、ドアを開けなくともスマートフォンから中身を確認できます。将来は食材や調味料の在庫を気にしたり、買い出しに行ったりする必要はなくなるかもしれません。

　また、最近では、睡眠時間や寝言、いびきを記録し、睡眠の質を向上させる枕「SLIIP」や、料理の重量を検知して、何をどのくらい、どれほどのスピードで食べたのかを管理できるお皿「PLAY-TE」も発表されています。今後も多くの家電や日用品がIoT化していくのは明らかですが、すでにIoT化されている製品の特徴から見れば、**IoTによって、生活におけるあらゆる「記録や管理」は、人ではなくモノが担うようになっていく**といえそうです。

ライフスタイルがこんなにも変化する、IoTがある暮らし

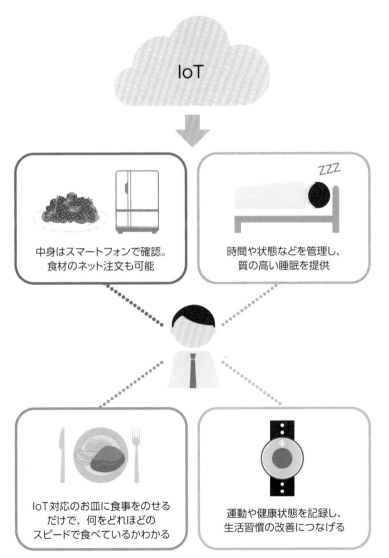

中身はスマートフォンで確認。
食材のネット注文も可能

時間や状態などを管理し、
質の高い睡眠を提供

IoT対応のお皿に食事をのせる
だけで、何をどれほどの
スピードで食べているかわかる

運動や健康状態を記録し、
生活習慣の改善につなげる

▲家電や日用品のIoT化は、普段の生活にも変化を与える。IoTは「記録」や「管理」といった役割を得意とする。

Column

IoTで介護が変わる!
「がんばらない介護」へ

　日本は健康長寿の国といわれる一方、高齢者の介護は深刻な課題です。財政のひっ迫による自宅療養や自宅介護へのシフト、人材不足などの問題が重なり、有効な改善策がありません。

　IoTは今、介護分野でも注目を集めています。総務省は昨今、"がんばらない介護"のための支援ツール開発を行うIoTベンチャー「Z-Works」に補助金の交付を決定しました。現在、同社は「重篤化の予防」「徘徊防止」「生活リズムの確認」といった3つのテーマを掲げ、実現化に取り組んでいます。今後、「家族だからしょうがない」といった"がんばる"介護が、IoTのメスが入ることで大きく改善されていくかもしれません。IoTは、私たちの生活を根底から支える可能性を持ったテクノロジーでもあるのです。

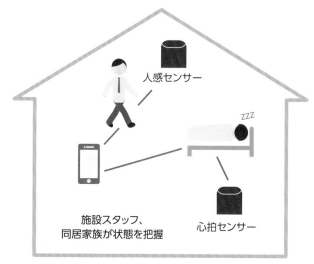

人感センサー

ZZZ

施設スタッフ、
同居家族が状態を把握

心拍センサー

▲ 私たち誰もが通る介護という課題についても、IoTは貢献できる可能性がある。

Chapter 2

ここまで進んだ!
IoT活用の今

010
化学工業における
IoTへの取り組み

より安全に、より効率的に！ IoTが変える化学工業

　化学工業は装置産業、つまり巨大な設備や装置を使って工程を機械化している産業の代表的存在で、IoT以前から、ほかの産業以上に多数のセンサーを利用した自動制御が進んできました。そんな化学工業でも、システム全体が完全に自動化されていたわけではありません。従来型の化学工業では、センサーなどで現状を把握し、それを目標値に近付ける「フィードバック制御」が主流でしたが、外乱（制御を乱す外的要素）を未然に防いだり、外乱の影響を最小限に抑えたりする方法がないという欠点がありました。そのため、従来の化学工業における自動化はあくまで単位操作での話で、装置やシステム全体の自動化ではありませんでした。

　また、化学工業には設備メンテナンスが難しいというアキレス腱もあります。化学工業のプラント装置は巨大かつ複雑で、内部を目視で確認することが困難です。また、装置が故障すれば高圧・高温のガスや有毒物質が広範囲に漏れ、他産業以上の大惨事につながりかねないため、事後保全を採るわけにはいかず、化学工業にとって設備の予防保全は大きな負担となってきました。

　しかしながら今、IoTがこれらの化学工業の弱点に対する大きな武器となりつつあります。IoTを活用すれば、**各種センサーから得られた信号をビッグデータとして収集・解析し、制御の最適化によって外乱を未然に防いだり、装置の劣化や故障を高精度で予測したりできる**ようになるでしょう。IoTによって化学工業は、より安全で、より効率的な産業へと変化していくでしょう。

すでに始まっているIoTを使った化学工業の最適化

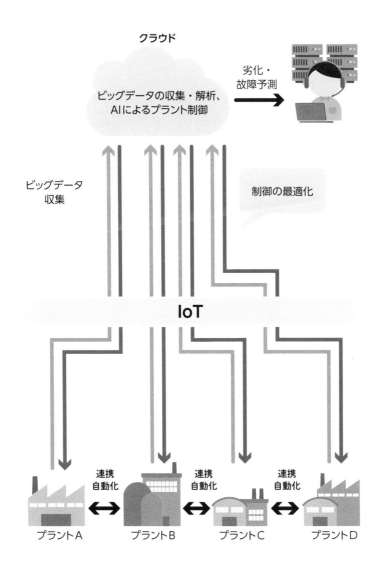

クラウド

ビッグデータの収集・解析、
AIによるプラント制御

劣化・
故障予測

ビッグデータ
収集

制御の最適化

IoT

連携
自動化

連携
自動化

連携
自動化

プラントA　　　プラントB　　　プラントC　　　プラントD

▲それぞれのプラントのビッグデータを収集・解析することで、故障の前兆である状態変化
や異常発生をリアルタイムに検知し、制御を最適化することができる。

011

ドローン点検で
建物の劣化箇所を見抜く

保守点検作業や農業で活躍する「ドローン+IoT」

　当初騒がれていた「宅配ドローン」は、故障やバッテリー切れ、通信切断などによる暴走や墜落の懸念から、なかなか実用化の目処が立たない状況でした。ドローン特区や離島といった限定的なシチュエーションでの試験運用こそ続けられているものの、私たちのインフラを担うにはまだハードルが高そうです。しかしビジネスの分野では、ドローンはなくてはならない存在となりつつあります。

　たとえば、**保守・点検作業**です。高層建築物や橋梁、トンネル、ダムなどの社会インフラ、工場や発電所などの巨大な施設の保守点検作業は、大量の人員を動員し、足場を高く組み上げるなどの準備が必要でした。しかし、空中を自由に飛べるドローンや、外壁に沿って移動できるドローン、狭い隙間や危険な場所にも入り込めるドローンを活用すれば、**少ない人数と時間で点検作業を行うことが可能**です。ドローンが集めた膨大な写真やデータも、クラウドに集積してAIで解析すれば、人員や時間を大幅に削減できます。もちろん、解析精度などのハードルはあるものの、現状でもスクリーニングでの活用には十二分の検査精度を実現しています。人手不足に悩む日本では、ドローンとIoT、そしてAIはさまざまな施設の保守点検で必須の存在となっています。

　さらに、農業分野でもドローンは威力を発揮しています。農薬の散布や作物の育成状態のチェック、病虫害の早期発見、鳥獣害対策など、ドローンが農業分野で担える役割は幅広く、国も高齢化と人手不足が深刻な農業の救世主になると積極的に推進しています。

IoTは急速に進む社会インフラ老朽化の救世主になる?

▲株式会社アイネットによるドローンの橋梁点検手法「君津モデル」。全国の自治体への展開を目指している。

「ドローン+IoT」で変わる保守点検作業

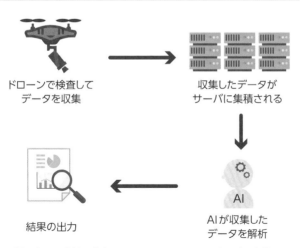

ドローンで検査して
データを収集

収集したデータが
サーバに集積される

結果の出力

AIが収集した
データを解析

▲これまで近接目視での点検が基本だったが、ドローンを活用すれば、点検にかかる時間やコストを大幅に削減することが可能になる。

012
日本酒の醸造を支える
旭酒造の取り組み

酒造りにIoTをフル活用する旭酒造

IoTは工業界やIT業界といったハイテク産業だけのものではなく、酒造業のような日本古来から存在する伝統産業にも大きな力を発揮しています。純米大吟醸酒「獺祭」で有名な山口県岩国市にある酒造メーカー「旭酒造」がその好例です。

旭酒造はかつて、酒造メーカーの中でも業績があまりよくないメーカーでした。所在地の山口県は日本酒製造ではマイナーな地域であり、過疎により人手不足も深刻で、一時は新規事業に失敗しています。そんな逆境下で大胆な改革に踏み切ったことで、旭酒造のサクセスストーリーは始まりました。日本酒醸造の現場では、古くから杜氏と呼ばれる専門職人の経験と勘が重視されてきましたが、杜氏が退社した旭酒造では「経験はデータの蓄積」「勘は経験をベースにした、言葉にはしづらいが的確な現状分析」と考え、**酒造りの工程を徹底的に数値化・データ化**しました。これにより、杜氏なしでの安定した酒造りを実現したのです。

さらに、旭酒造は最先端技術の導入に非常に積極的で、2018年には富士通と共同で、長年蓄積してきた酒造りのビッグデータをもとに、日本酒醸造工程のAI予測システムの実証実験を開始しました。また、原料となる酒造好適米「山田錦」の安定供給のため、富士通の食・農クラウド「Akisai（秋彩）」を提携農家に導入しました。栽培が難しい山田錦の栽培ノウハウを見える化することで、山田錦の栽培経験がない農家であっても十分な収穫が得られるようになるなど、IoTを日本酒造りにフル活用しています。

旭酒造×富士通による日本酒醸造の実証実験

▲旭酒造の日本酒醸造現場。富士通のAI技術「Fujitsu Human Centric AI Zinrai」を活用して、高品質な日本酒造りのノウハウを見える化するための実証実験を行った。

生産ノウハウを見える化する「Akisai」

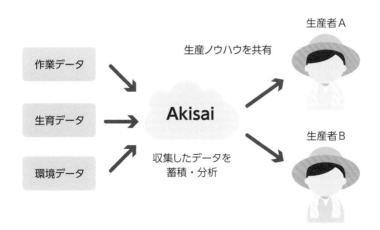

▲山田錦の作業データや生育データなどを収集・蓄積してAkisaiに集約。蓄積したデータを分析して生産者間で共有することで、山田錦の生産拡大を図っている。

013

稼働状況を可視化して業務の効率化を図る「KOMTRAX」

世界の建設現場に革命を起こしたIoT

コネクテッドカーや自動運転車は、IoTが実現のカギを握る最先端の未来技術ですが、実は建設業ではすでに現実のものとなっており、作業の効率化・省人化・省コスト化に大いに貢献しています。その代表例が、小松製作所が展開している「KOMTRAX（コムトラックス）」や「AHS（Autonomous Haulage System）」です。

KOMTRAXは、これぞまさにIoTといえる建設機械稼働管理システムです。GPSと通信システムを搭載した多数の建設機械を、通信衛星や携帯電話網を利用してインターネット経由で管理サーバに接続します。**遠隔地から機械の現在地や稼働状況、異常情報などを収集・確認・管理できるシステム**で、小松製作所は2001年から自社製品への標準搭載を開始しています。2019年には配車台数56万台を達成し、建設業界に革命を起こしました。なお、小松製作所は同様のシステムを使った鉱山機械向けの管理システム「KOMTRAX Plus」のサービスも展開しており、車両の稼働時間や稼働状況などをリアルタイムに把握できるシステムとなっています。

一方AHSは、無人ダンプトラック運行システム、つまりトラックの自動運転技術とその管理・運用システムです。建設現場や鉱山などでのダンプトラックの役割は、荷台の積載物を決まったルートで運ぶだけで、ショベルカーやブルドーザーなど、ほかの建設機械と比べて動作が単純です。小松製作所は2008年にダンプトラックの自動運転技術とその管理システムの商用化に成功し、現在では世界各地の鉱山や採石場で利用されています。

機械の稼働状況を把握する「KOMTRAX」のしくみ

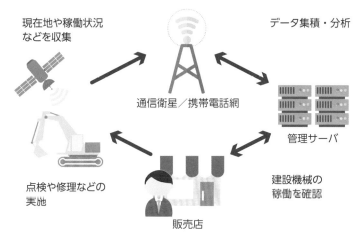

▲建設機械にIoTを搭載することで、遠隔からでもどこで稼働しているのか、燃料はどのくらい残っているのか、どこが故障しているのかなどが把握できるようになる。

ダンプトラックの完全無人化を実現する「AHS」

▲中央管理室で運行管理をすることで、ダンプトラックの完全無人化を実現する世界初のシステム。走行コースは中央管理室から操作するため、安全性を確保しながら正確な荷降ろしが可能だ。

水産業で期待される IoT活用

熟練者の経験と勘に頼らない漁業の "見える化"

　第一次産業である農業や水産業、林業などの分野は、人間がコントロールしきれない自然を相手にするため、長い間、熟練者の経験と勘に頼った運要素の大きい産業だといわれてきました。しかし、第一次産業は現在、IoTによってその姿を急速に変えつつあります。水産業もその例外ではありません。

　IoTを利用すれば、漁場や養殖場の気象情報、水温や酸素、塩分濃度、海流といった海洋情報、さらには水中カメラの映像データなどを、現地に直接出向くことなくビッグデータとして収集できるようになります。収集されたデータは漁獲データと比較したり、AIなどで分析したりすることで、**これまで熟練者の経験と勘に頼っていた漁獲量を可視化することができ、漁業の大幅な効率化につながります**。中でも養殖業では、海に出ることなく環境データを収集したり、養殖魚の育成状態を監視したり、自動給餌できたりと、IoTの恩恵は絶大です。

　水産業におけるIoTの恩恵は、漁獲だけではありません。生物である魚はサイズや形が均一でないため、これまで出荷する魚や稚魚の選別は作業員の手と目で行われてきました。しかし、人間による作業は労力がかかり、現在では**IoTとAIを利用した自動選別システムの開発が進んでいます**。また、鮮度が命の魚にとって流通システムの効率化は非常に重要です。IoTを活用し、水揚げから輸送、販売までの流通システム全体を効率化する試みが始まっています。

IoTが養殖業を自動化する

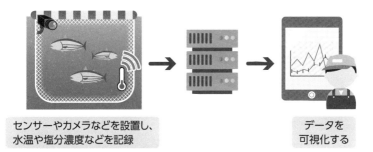

センサーやカメラなどを設置し、
水温や塩分濃度などを記録

データを
可視化する

▲従来の養殖では作業員の経験や勘に頼るところが多かったが、IoTを活用することでデータに基づいた作業が可能となり、品質向上や効率的な漁獲につながる。

近畿大学生産研究所による稚魚選別システムの概念図

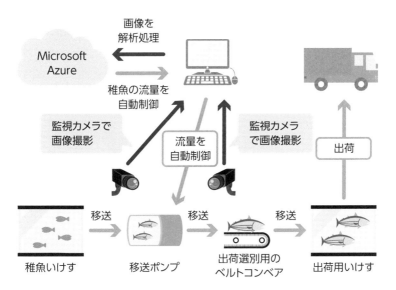

▲現状で自動化されているのは、選別を最適化するためのポンプの水量調節のみだが、やがては選別作業自体もIoT+AIで実現することだろう。

015

地域を活性化!
IoTでおもてなしを強化する

共通IDでフリーパス! IoTが実現する未来の日本観光

新型コロナウイルス感染症の蔓延で打撃を受けましたが、観光産業は今後も高い伸び率が期待できる有力な産業分野です。そして、観光分野でもIoTの役割は重要になりつつあります。

政府の施策として、総務省は2017年から「**IoTおもてなしクラウド事業**」を開始し、関東圏のいくつかの地域で実証実験を行っています。IoTおもてなしクラウド事業は、**IoTを利用して訪日外国人のスムーズな移動、観光、買い物などをサポートすることを目的とした施策**で、パスポートその他の個人情報を、スマートフォンや交通系ICカードなどと紐付ける形でクラウド上で一括管理します。交通機関や宿泊施設、観光施設、買い物などの利用や支払い、さらには災害時の緊急情報や、障がいに応じたバリアフリーマップ、食に関する情報提供をも多国語でサポートするというしくみです。

地方や民間でも、観光分野でのIoT利用はすでに始まっています。NECは南紀白浜エアポート社などと共同して、南紀白浜エリアでIoTと「顔認証技術」を利用したフリーパスサービス「**IoTおもてなしサービス**」の実証実験を開始しました。スマートフォンなどで顔写真を撮影し、クレジットカード情報と紐付けることで、対応施設を顔パスで利用できるといった、ちょっと未来的な観光体験が楽しめます。

少子高齢化などによる人材不足が叫ばれている昨今、人だけに頼ったおもてなしには限界があります。しかし、IoTの活用で質の高いサービスが実現できるでしょう。

インバウンド需要を加速させるIoTおもてなしクラウド

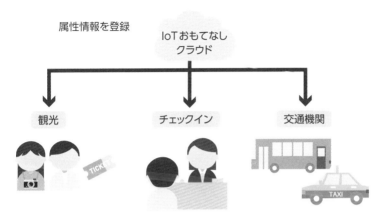

▲パスポート情報や使用言語などをクラウド上に登録し、スマートフォンやICカードなどと紐付けることで、その人に合わせた最適なサービスを提供してくれる。

顔認証でおもてなしがスムーズに

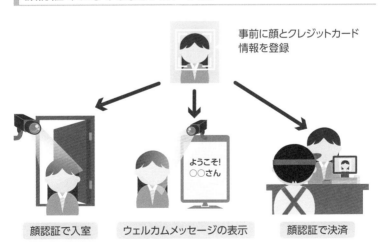

▲顔認証とクレジットカード情報を登録しておけば、入室時の解錠や買い物時の決済など、顔認証だけでさまざまなサービスを受けることができる。

016

IoTで待ち時間の
ストレスを緩和する

「待ち時間」という無駄をなくすIoT

IoTは産業分野のような大きなステージだけでなく、私たちの日常生活にも多くの便利さをもたらしてくれます。たとえば、トイレや飲食店などの待ち時間です。

トイレのIoT化が注目を集めるようになったのはここ数年です。駅や商業施設のトイレがIoT化されれば、**センサーでドアの開閉状態を判断して個室の使用状況を確認したり、床に重量センサーを組み込んでおおまかな待ち人数を把握したり**できます。離れた場所にあるトイレの利用状況がわかれば、1か所に集中する事態を緩和して、利用者のストレスも軽減できます。また、トイレの利用状況を把握できれば、清掃作業の効率化につながり、流量センサーなどを取り付ければ、詰まりや故障が起きた際にいち早く対応できるなど、管理側にも大きなメリットがあります。

同様に、IoTは飲食店の空席情報の管理でも力を発揮します。飲食店の空き状態をインターネット経由で確認できるシステムは珍しくありませんが、従来型のシステムは空席情報を人の手で端末などに入力する必要があり、従業員の負担が大きく、更新頻度も高くありませんでした。これに対して、IoTを利用した最新の空席情報管理システムでは、**人感センサーや店内カメラの映像を使って自動判定してくれるため、従業員の負担はほぼゼロです。**

IoTで離れた場所の情報をリアルタイムに自動収集し、インターネット経由でかんたんに把握できるようになれば、近い将来、私たちの日常から「待ち時間」という無駄がなくなるかもしれません。

利用者・管理者ともにメリットが大きいIoTトイレ

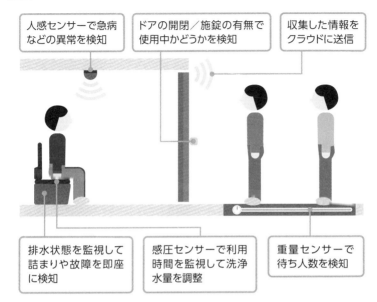

人感センサーで急病
などの異常を検知

ドアの開閉／施錠の有無で
使用中かどうかを検知

収集した情報を
クラウドに送信

排水状態を監視して
詰まりや故障を即座
に検知

感圧センサーで利用
時間を監視して洗浄
水量を調整

重量センサーで
待ち人数を検知

▲駅や商業施設のトイレがIoT化されれば、空室状況だけでなく、緊急時の早期発見や犯罪防止などにつながる。

飲食店の空き時間もひと目でわかる

▲飲食店の混雑状況をデジタルサイネージに表示するサービスも。空席状況をリアルタイムに把握できるため、待ち時間のストレスも緩和できる。

017
移動を便利にする
「自転車シェアリング」

「自転車シェアリング」を支えるIoT

　2016年頃から中国で爆発的なブームとなったものの、問題噴出であっという間に失速した**「自転車シェアリング」**——しかし実は、中国ではすでに第二世代と呼ぶべき良質な自転車シェアリングサービスが盛り返しつつあり、日本でも利用者が増加しています。

　自転車シェアリングはIoTの典型例ともいえるサービスです。スマートフォンでバーコードを読み取ったり、ICカードをリーダーに差し込んだりすると、インターネット経由で認証が行われ、自転車が解錠されるしくみです。到着後のロック作業や決済処理もインターネット経由で行われるため、**人の手を介すことなく煩雑な手続きを解消**できます。また、自転車にGPSや各種センサーを搭載することで、自転車の状態や現在地、移動速度、走行ルートなどの情報がすべてクラウドに集められ、乗り捨て場所もIoTで把握できます。自転車シェアリングサービス自体は以前から存在していましたが、無人管理方式はなかなかうまくいかなかったのが実情で、まさにIoTなくしては成り立たないサービスといえます。

　しかし、自転車シェアリング事業には採算性が低いという問題があり、海外では費用の一部、または全部を地方公共団体が負担していたり、路上広告の独占権を事業者に与えるなどの優遇措置を講じていたりする例が少なくありません。IoTをもっと有効に活用すれば、収益を圧迫する自転車の再配置やメンテナンスを緩和・効率化したり、シェア自転車をMaaSの一環として組み込むことで稼働率を上げたりと、解消できる可能性があります。

快適な移動を実現する「ドコモ・バイクシェア」の概念図

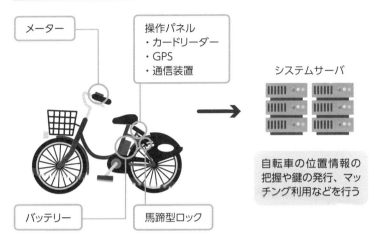

▲ドコモ・バイクシェアは都内を中心に幅広く展開されている。自転車本体にGPSやセンサーを取り付けることで自転車の状態が把握できるので、運用コストも削減できる。

さまざまなシーンで使える「HELLO CYCLING」

https://www.hellocycling.jp/

▲自転車の予約やステーションの検索、決済までの一連の手続きをスマートフォンからかんたんに行える。ステーションであれば、借りた場所でなくとも返却が可能だ。

018
IoTと5Gで進化する「スマートハイウェイ」

保守点検作業や道路情報監視で進むIoTの利用

IoTと第5世代移動通信システム「5G」によって、高速道路も進化しようとしています。その可能性がよくわかるのが、ソフトバンクによる「**スマートハイウェイ**」の実証実験です。この実験は、大きく「保守点検作業の自動化」と「道路情報分析の高速化・高精度化」という2つに分けられます。

まず「**保守点検作業の自動化**」です。現在でも、高速道路の橋梁などの保守点検作業は人力に頼る部分が大きく熟練した職人技術が必要ですが、人手不足や高齢化が進んでいます。保守点検作業を自動化したいというニーズを受け、橋梁の振動を検知できる加速度センサーを多数設置し、膨大な情報の転送に耐え得る5G-mMTC無線機を利用して、リアルタイムで監視できるようにしました。

次に「**道路情報分析の高速化・高精度化**」です。高速道路における渋滞や事故、落下物などの異常監視は、従来は人の手を介したチェックや、交換や改良が難しい道路埋め込み型デバイスに頼っていました。しかし、容易に交換・改良が可能な高解像度4KカメラとAI画像解析技術、5Gその他のネットワークを利用したIoTで、システムの自動化・高速化・高精度化に成功しました。

そのほかにも、コネクテッドカーと相互通信が可能な道路埋め込み用IoTデバイスや、センサーを利用した道路脇法面の崩落監視システムなど、IoTを利用して道路をスマート化しようという試みは多数あります。数年後の高速道路は、今よりもっと人にやさしい存在になっているかもしれません。

IoTによって道路がもっとスマートになる

保守点検作業の自動化

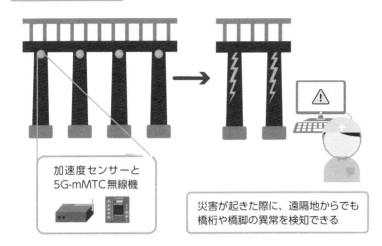

加速度センサーと
5G-mMTC無線機

災害が起きた際に、遠隔地からでも
橋桁や橋脚の異常を検知できる

道路情報分析の高速化・高精度化

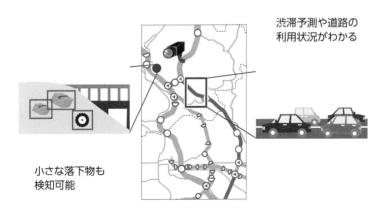

渋滞予測や道路の
利用状況がわかる

小さな落下物も
検知可能

▲5Gを活用することで、監視の効率化や異常の見落としの防止などが期待されている。より安全で快適な移動を実現するために欠かせない技術といえるだろう。

019

医療・介護分野への
導入が進むIoT

医療・介護現場の人手不足や過重労働を救うIoT

IoTに対する現場のニーズがもっとも高いのは、医療や介護の分野かもしれません。医療・介護分野では、人手不足や過重労働が日常化しており、人の命や安全にかかわる業務であるため現場の負担も大きいのです。現在では医療・介護分野でもIoTの導入が徐々に進みつつあります。

医療分野では「**オンライン診療**」が本格化しつつあります。オンライン診療では患者の顔色や呼吸状態、雰囲気などが伝わりにくいという欠点がありますが、一方で、通院に時間がかかる過疎地や常に混雑している病院、感染症が流行している時期でも受診しやすいという利点があります。また、ウェアラブルデバイスが本格的に利用されるようになれば、患者の体調をリモートで常時把握できるようになり、AIとビッグデータを利用した問診や診断支援システムも完成度を高めつつあります。最終的な確定診断はさておき、初期診断におけるオンライン診療は、近い将来にあたりまえのようになるかもしれません。

介護現場でのIoTのニーズは医療分野以上に切実です。小規模事業者が多い、専門知識を持つ人材が少ない、被介護者の拒否などの理由で、介護現場へのIoT導入は思うように進んでいないのが実情です。しかし、**カメラやセンサー、ウェアラブルデバイスといったIoTデバイスを利用した被介護者の見守りや体調管理は、介護現場の人手不足解消と作業効率化の切り札**といってよく、少子高齢化が進む今後、不可欠な存在となっていくでしょう。

移動時間や待ち時間を気にせず診療できる

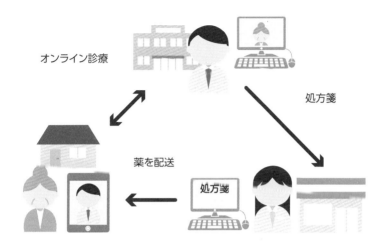

オンライン診療

処方箋

薬を配送

処方箋

▲オンライン診療であれば、時間を有効活用したり、院内でほかの病気に感染するリスクを防いだりできる。新型コロナウイルスの影響によって、オンライン診療を導入する動きも拡大するだろう。

IoTで介護現場のあり方を変える

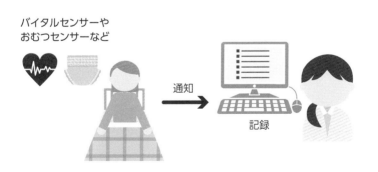

バイタルセンサーや
おむつセンサーなど

通知

記録

▲介護現場にIoTが導入されれば、被介護者をサポートすることだけでなく、介護スタッフの負担を軽減することも可能になる。

020
IoTで進化する鏡
「スマートミラー」

美容やヘルスケア分野に革命を起こす 「IoT×鏡」

　自宅をIoTで進化させるスマートホームは、現在各種家電やIT機器、防犯や見守りサービスといった「従来から電気製品だったもののIoT化」が中心です。しかし、中には電気製品でないものをIoTでスマート化する動きもあります。その代表例が鏡のIoT化、すなわち「**スマートミラー**」です。

　スマートミラーは、各種センサーを搭載したタブレット端末に鏡面ハーフミラーを重ねたもので、普段は鏡として利用でき、タブレット端末の画面も鏡を透過して見えるという製品で、さまざまなタイプがあります。もっともシンプルなスマートミラー製品は、化粧をしながらテレビやインターネットを見たり、メールや天気、交通状況をチェックしたりできる「鏡の機能を備えたタブレット」といえるタイプの製品です。また、鏡はモニタやタッチパネルに適したデバイスのため、空調や家電の操作、セキュリティなどを一括管理できるコントロールパネル的な製品もあります。

　現在もっとも期待されているのは、パナソニックがコーセーと連携して実証実験を進める「Snow Beauty Mirror」のようなタイプの製品でしょう。**鏡の前に座るだけでユーザーの肌状態を自動で分析して可視化し、その分析結果をもとに、最適な商品を提示**してくれます。つまり、鏡がプロレベルのアドバイザーとなり、ユーザーのメイクやスキンケアを指導してくれるため、美容やヘルスケア分野に革命を起こすと期待されており、多くのメーカーが開発を進めています。

肌状態を分析する「Snow Beauty Mirror」

▲パナソニックとコーセーが実証実験を進めるメイク&スキンケア特化型のスマートミラー。鏡の前に座るだけで肌状態を分析し、その人に合った商品やサービスをリコメンドしてくれる。

バスルーム用のスマートミラー「Poseidon」

▲CareOSによるスマートミラー。顔認証でユーザー一人一人のデータを蓄積できる。健康状態を確認したり、エクササイズのチュートリアル動画を表示したり、バスルームのデバイスと連動させたりすることが可能だ。

021
注意が必要なIoTの
セキュリティ

IoTデバイスはセキュリティ対策が難しい

　IoTは大きな可能性を秘めた技術であり、すでに私たちの生活やビジネスに深く入り込んでいますが、それゆえセキュリティに注意する必要があります。サイバー犯罪は年々大規模化・高度化しており、企業の機密情報や個人情報は日常的に狙われています。インターネットに接続する機器には、ハッキングの新たな抜け道となったり、「DDoS攻撃」の踏み台として悪用されたりしないよう高いセキュリティ性が求められますが、IoTデバイスは数が多いため、メンテナンス自体が容易ではありません。現在では多くのIoTデバイスがアップデート機能などを自動化していますが、パソコンやスマートフォンのような処理能力・拡張性を持たない機器が大半のため、セキュリティソフトの導入はおろか、セキュリティパッチの適用ですら難しい場合があります。

　製品のライフサイクルも、IoTデバイスのセキュリティ対策を難しくしています。たとえば、監視カメラやセンサーのような機器は、一度設置すれば故障しない限り長期間にわたって継続的に使用されます。しかし、メーカーによる製品サポート期間は長くても10年程度であり、場合によってはもっと短期間で打ち切られてしまう可能性もあります。つまり、IoTデバイスは製品自体の耐用年数と、セキュリティパッチなどが適用されるサポート期間に大きなズレがあるのです。そのため、**管理を怠ると、脆弱性を抱えたIoT機器によってシステム全体が知らないうちに危険にさらされる、という深刻な事態を招くおそれがあります。**

IoTデバイス導入時にはセキュリティに要注意

情報漏えい

ハッキング

詐欺

マルウェア

DDoS攻撃

メンテナンス不良の
IoTデバイス

Webサイト
改ざん

▲さまざまな脅威が企業を狙っている。メンテナンス不良のIoTデバイスがセキュリティの抜
け道になることもあるため、適正な管理が求められる。

022

IoTデバイスの脅威となる
「Mirai」

IoTデバイスを狙い撃つIoTマルウェア

IoTデバイスはさまざまな脅威に狙われていますが、中でもおそろしいのが、IoTデバイスをメインターゲットとして狙い撃つ「**Mirai**」などのIoTマルウェアです。

2016年8月に初確認された「Mirai」は、IoTカメラを主な標的とし、インターネットに接続されているだけで感染するIoTマルウェアで、当初はそれほどメジャーな存在ではありませんでした。しかし2016年10月、開発者がソースコードをインターネット上で公開したことで、知識がある人ならかんたんにコピーや改造ができるようになり、爆発的に感染が拡大しました。膨大な数のIoTカメラがMiraiに感染したことで、米国の大手DNSサービス「Dyn」は過去最大級のDDoS攻撃を受けてサーバがダウンし、大損害を被りました。Mirai以外にも新種のIoTマルウェアが続々と登場して勢力を拡大し、2017年半ばには世界中のIoTカメラの実に64%がIoTマルウェアに感染しているというおそろしい状況となりました。

IoTマルウェアがこれほど猛威をふるった最大の原因は、当時のIoTデバイスはセキュリティが脆弱な製品が多かったことです。初期のMiraiが標的とした中国製のIoTカメラなどは、管理用パスワードが初期値から変更できないというお粗末なものでした。現在のIoTデバイスのセキュリティはそれなりに強固で、IoTマルウェアの勢いはかつてほどではありません。とはいえ、新たな脆弱性が発見されるたびに悪用するIoTマルウェアが登場する状況は変わっておらず、**IoTデバイスのセキュリティ管理は非常に重要**です。

DDoS攻撃のしくみ

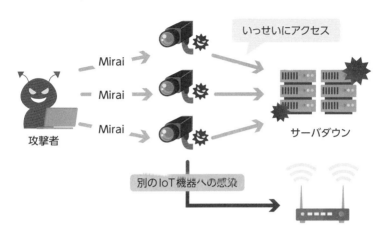

▲Miraiは別のIoT機器へ感染をくり返し、被害を拡大させていく。IoTデバイスの設計段階でセキュリティについて考えることも重要だ。

IoTマルウェアによる感染を防ぐために

複雑なパスワードを設定する　　最新のセキュリティパッチを利用する

▲適切に管理されていないIoT機器が狙われるため、十分なセキュリティ対策が求められている。

023

IoTの国際標準ってあるの?

独・米が先導して進める産業IoTの国際標準化

近年、グローバルスタンダード(世界標準)という概念が浸透した理由の1つは、インターネットの爆発的な普及です。そして、いつでもどこからでも世界中とつながることのできるしくみから生まれたIoTが今、さらに世界を変えつつありますが、世界規模でビジネス展開できる可能性があるのに、産業向けIoTの国際標準というものは存在しませんでした。しかし、国内外でIoT分野での起業が増加し、今後はこの傾向が加速すると予想される状況を考えると、ただちに取り組むべきテーマだといえます。

標準化に向けた取り組みは、主に海外で進行中です。いち早く産業IoTに取り組んできたドイツとアメリカが、それぞれが主導権を主張するのではなく、連携して国際規格の策定に取り組む合意を2016年3月に発表しました。また、2015年には、ドイツ主導でISO(国際標準化機構)、IEC(国際電気標準会議)にIoTの産業への応用のための委員会が設けられました。同委員会には日本も参加しており、2016年4月には「IoT/インダストリー 4.0協力に係る共同声明への署名」をドイツと行いました。

産業向けIoTの国際標準化が実現すると、**各国や企業独自のIoT規格ではなく、1つのルールをもとにして、全世界で展開できるIoT製品の製造が可能**になります。現在日本では、異なる産業分野のIoT機器やシステム間で相互連携を推進させるための国際標準の開発が進められ、2023年の国際標準化を目指しています。企業間での共同開発が活性化するなど期待が高まっています。

ドイツ・アメリカがリードする世界の産業IoT国際標準化

ドイツ
＋
アメリカ

インダストリー 4.0 と IIC（インダストリアル・インターネット・コンソーシアム）の運営団体がスイスで会合。技術標準のすり合わせを合意

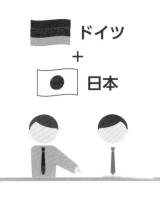

ドイツ
＋
日本

IoT/ インダストリー 4.0
協力に係る共同声明

ドイツ主導

（ 日本も参加）

「ISO」と「IEC」でドイツが議長を務める委員会が発足

▲標準化が求められる一方で、主導権を握れない国は規格の変更を余儀なくされる懸念も。今後の日本の動向が注目を集めている。

024

国内・国外で進むIoTプロジェクト

　世界中で大規模なIoTプロジェクトが推進されています。その中でも注目を集めるのが、前節でも触れたドイツの「**インダストリー4.0**」と、アメリカの「**インダストリアル・インターネット**」です。

　インダストリー4.0は、国が主体となり官民連携で推進するプロジェクトで、その目的は、「中小〜大企業までの製造業がIoTでつながり、情報のデータ集積・活用が可能な産業基盤を構築して、製品やサービスを連携させていく」ことです。工場設備をIoT化して生産工程のデータを収集・分析・活用し、人と設備、設備と設備が協調して動作することで生産性を高めるしくみづくりで、「考える工場化」ともたとえられています。

　一方のインダストリアル・インターネットは、企業連合によるプロジェクトで、世界最大のコングロマリットである「GE」（General Electric Company）が先頭に立って推進しています。その概要は、インダストリー4.0と多くの共通点がありますが、「センサーを搭載した産業機器から収集される膨大なデータをソフトウェアで分析して生産を高める」ことが特徴で、「考える産業機械」、または「産業機器のスマート化」といえるかもしれません。

　そして日本は、目指すべき産業の在り方として、「**Connected Industries**」を発表しています。「モノとモノ」「企業と企業」「人と人」「人と機械」などのさまざまなつながりによって新たな付加価値を生み出す産業社会を目指しており、5つの分野に重点が置かれています（P.57参照）。

独米のIoTプロジェクトの現状

 ドイツ　 アメリカ

インダストリー 4.0
「考える工場」
国家プロジェクト
工場のIoT化で自国の製造業を
世界標準へ

**インダストリアル・
インターネット**
「産業機器のスマート化」
GE主導プロジェクト
幅広い産業分野から収集した
ビッグデータの解析技術で
世界市場の掌握を目指す

▲IoTによって、未来を見据えた変革プロジェクトが飛躍的に発展している。

「Connected Industries」が重点を置く5分野

重点取り組み分野	目指すビジョン
自動走行・モビリティサービス	交通事故の削減、交通渋滞の緩和、環境負荷の低減、物流も含む移動サービスの拡大
ものづくり・ロボティクス	生産の全体最適、止まらない工場、事故や環境負荷の低減
バイオ・素材	材料や医療・創薬の革新、エネルギー資源対策、社会変革を実現する革新素材創出
プラント・インフラ保安	プラントにおける安全性と生産性の向上、自主保安力の向上と「稼ぐ力」の創出、センサーやドローンなどの効果的活用
スマートライフ	少子高齢化や人手不足などの社会課題の解決

▲Connected Industriesでは、分野ごとに目指すべきビジョンが提案されている。

025

IoTのメリットとデメリット

モノにネットがつながることでリスクもある

IoTのメリットやデメリットについて、はっきりと断言するのは難しいかもしれません。IoTは一つ一つの要素技術の進化によって成り立つFIXされた技術ではないので、かんたんにいえば「事例ごとにメリット・デメリットがあり、それもまた変化していく」と考えたほうがよいでしょう。しかし、これまでの経過を振り返ると、おぼろげながらそのイメージが見えてくるのも確かです。

現状で特筆すべきメリットは、「**効率化・生産性向上**」と「**あらゆる分野への参入**」です。効率化・生産性向上については、モノに取り付けられたセンサーがインターネットにつながることで、さまざまなデータを人の手を介さず自動で集めることができ、分析・検証から生産性の向上に取り組め、また新しいビジネスモデルを練ることができます。分野に関しては、これまで紹介してきたように、農業、民宿、タクシーなどさまざまな分野で新しいサービスが誕生しています。つまり、アイデア次第でどこでもビジネスチャンスを掴める可能性があり、世の中に巨大なインパクトを与えることができるのです。

一方のデメリットは、企業にとっては法律の課題、ユーザーも含めれば**セキュリティの問題**が挙げられます。セキュリティに関してはとくに心配する声が多い反面、現状ではサービス開発が先行し、対策が後回しになっている印象もあります。安全なシステムが早期に確立されるのを願いたいところです。

IoTのメリットとデメリットはこれだ!

メリット

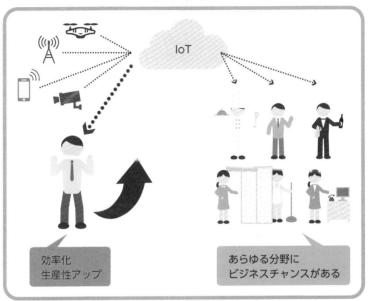

効率化
生産性アップ

あらゆる分野に
ビジネスチャンスがある

デメリット

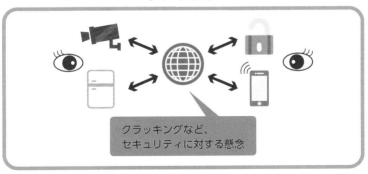

クラッキングなど、
セキュリティに対する懸念

▲IoTは大きなメリットをもたらす一方で、常時インターネットと通信するデバイスにはセキュリ
ティに対する不安もある。

IoT成功のカギは
スマートフォンが握る?

　ここまでIoTが注目を集める理由の1つに、スマートフォンの存在があります。ワンタップで自宅の鍵が開き、Webブラウザからは旅行先の宿も探せ、車を借りることもできる――つまり、スマートフォンさえあれば、特別な機械を導入せず、さまざまなサービスを享受できるようになりました。裏を返せば、スマートフォンをいかに有効に活用するかが、IoTビジネスの成否を左右するといっても過言ではありません。

　また、IoTを支えるビッグデータにとっても、スマートフォンは欠かせないものです。国民の7割以上がスマートフォンを所有する現状を考えれば、スマートフォンから得たデータをどのようにサービスに活かすかが大切になってきます。

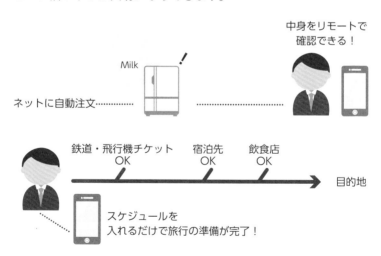

中身をリモートで
確認できる!

Milk

ネットに自動注文

鉄道・飛行機チケット　宿泊先　飲食店
OK　　　　　OK　　OK

目的地

スケジュールを
入れるだけで旅行の準備が完了!

▲利用者はスマートフォンから便利に使えるサービスを求めている。

Chapter 3

これでわかった!
IoTを支える技術

IoTを構成する「デバイス」「ゲートウェイ」「サーバ」

IoTサービスを支える3本の柱

これまでの本書の解説で、世の中にどのようなIoTサービスがあるのかを把握できたと思います。本節では、それらのサービスを支えるIoTのしくみを見ていきましょう。**IoTを構成する基本要素は「デバイス」「ゲートウェイ」「サーバ」**です。

まず、デバイスというと、一般的にはスマートフォンやパソコン、タブレットなどの端末の通称ですが、ここでは「デバイス＝センサー／モノ」とイメージしておくとよいと思います。IoTサービスにおいて、デバイスは「状況の変化を検知するセンサー」、または「情報を受け取って動作するモノ」で、たとえば005節のウェアラブルデバイスであれば、ウェアラブルデバイスがセンサーとなってユーザーの心拍数などを検知し、スマートフォンがその結果を表示します。デバイスには入力／送信デバイス、出力／受信デバイスといった呼び方もあります。

次のゲートウェイは、インターネットにデバイスをつなぐ"架け橋"のような役割を担う装置です。デバイスの中には自らはインターネットへの接続機能を持たないものもありますが、ゲートウェイはそうしたデバイスのサポートを行っています。そしてサーバは、パソコンでもおなじみのサービスを提供する機器ですが、ここでは「IoTサービスそのもの」と把握しておいてください。

以上の3つの要素からIoTサービスは構成されています。サービス内容はさまざまですが、「デバイス」「ゲートウェイ」「サーバ」のそれぞれが連携して成り立つことは同じです。

これを見ればかんたん! IoTシステムの構成要素

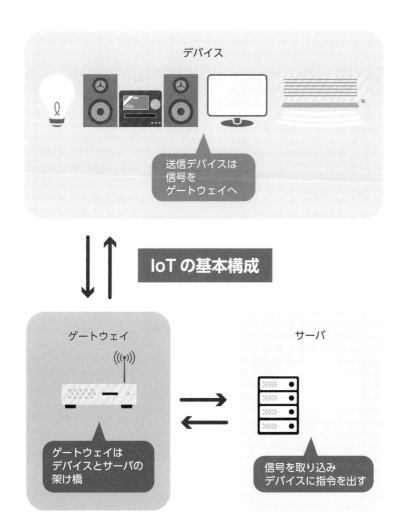

▲さまざまなIoTサービスがあるが、基本的に「デバイス」「ゲートウェイ」「サーバ」の連携によってサービスが成り立っている。

027

デバイスの役割は
「センシング」と「フィードバック」

フィードバックの多彩な種類

IoTサービスは、「センサーが情報を検知」→「インターネットに情報が送られる」→「システムが情報を処理して、モノや人に指令（結果）を出す」という流れに整理できます。そして、**センサーからインターネットの部分を「センシング」、インターネットからモノ（人）の部分を「フィードバック」**と呼んでいます。つまり、「**センシング」して「フィードバック」を行うしくみ**です。

フィードバックには、「モノから人へ」「人からモノへ」「モノ（センサー）からモノへ」の3つのパターンがあります。「モノから人へ」は「可視化」と「通知」で、「見えない（わからない）ものを見えるようにする」、そして「情報の自動配信」機能です。たとえば、気温や湿度を表示したり、位置情報の送信後に周囲の情報が配信されたりと、スマートフォンでもおなじみの機能が該当します。

「人からモノへ」は、リモコンをイメージするとわかりやすいでしょう。従来のリモコンが1対1の制御であるのに対して、インターネットを介することで、1対多の制御が可能です。たとえば、テレビやエアコン、照明などがデバイス化すれば、システム上は同様のデバイスと認識することが可能になるので、1つの入力端末から電源のON／OFFなどの操作が可能です。

最後の「モノ（センサー）からモノ」は、これまでのパターンとは異なり、人が介在することなくセンシングとフィードバックを行います。このしくみを使えば、帰宅時間に合わせて部屋を快適な温度にしておくなどのサービスを実現することができます。

「モノから人へ」の可視化と通知

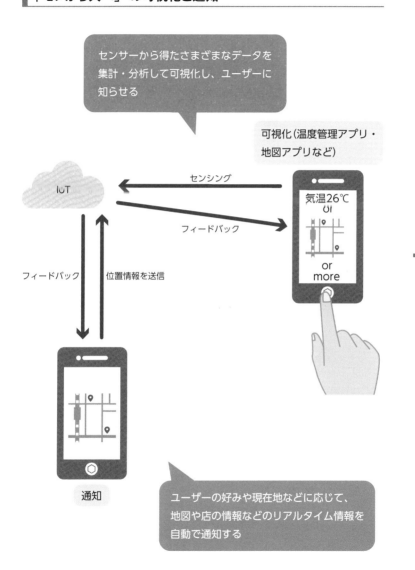

センサーから得たさまざまなデータを集計・分析して可視化し、ユーザーに知らせる

可視化（温度管理アプリ・地図アプリなど）

IoT

センシング

フィードバック

フィードバック

位置情報を送信

気温26℃
or
more

通知

ユーザーの好みや現在地などに応じて、地図や店の情報などのリアルタイム情報を自動で通知する

▲フィードバックの1つ「モノから人へ」はスマートフォンのおなじみの機能でも使われている。

028

ゲートウェイの役割は
「デバイスとネットの架け橋」

ゲートウェイっていったい何？

026節でも触れましたが、本節ではゲートウェイについてもう少し詳しく説明します。直訳すると"出入り口"という意味のゲートウェイは、もともと異なるプロトコルの機器をネットワークにつなげるための機器です。昔のパソコンはそれぞれがメーカー独自のシステムで、データのやり取りなどは互換性がありませんでした。そこで、ゲートウェイのしくみが必要とされました。

IoTでも、ゲートウェイはデバイスとインターネットをつなぐために使われており、それ単体ではインターネットに接続できないデバイスを使う場合には設置が必要です。**IoTゲートウェイの導入には「ハードウェア」「インターフェース」「電源」の3つのポイントがある**ので、押さえておきましょう。

1つめのハードウェアについては、一般的なコンピュータに比べて性能が限定されているため、導入前にゲートウェイに与える役目を決めておく必要があります。2つめのインターフェースは、「デバイスとの接続」と「インターネットとの接続」を検討する必要があります。デバイス側では有線であれば「USB接続」か「シリアル通信」、無線では「Bluetooth」か「Wi-Fi」、ネット側では、有線は「Ethernet」、無線は「3G／4G／LTE／5G、Wi-Fi」といった選択肢があるので、インターフェースに対応したゲートウェイを選択する必要があります。3つめの電源は、ゲートウェイを稼働させるために必要です。つまり、サービス提供時にはコンセントが必要になるということで、設置場所を決める際に重要です。

ゲートウェイの役割

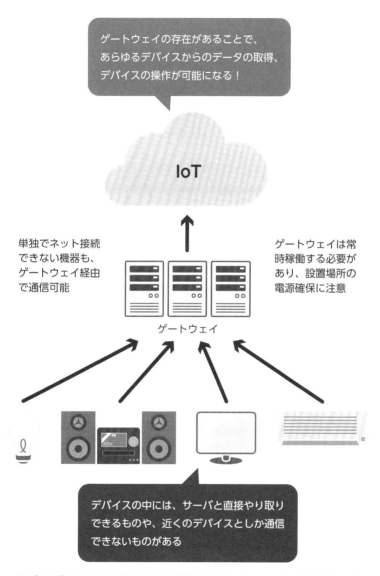

ゲートウェイの存在があることで、あらゆるデバイスからのデータの取得、デバイスの操作が可能になる！

IoT

単独でネット接続できない機器も、ゲートウェイ経由で通信可能

ゲートウェイは常時稼働する必要があり、設置場所の電源確保に注意

ゲートウェイ

デバイスの中には、サーバと直接やり取りできるものや、近くのデバイスとしか通信できないものがある

▲さまざまなデバイスがIoT（クラウド）と通信を行う際に、ゲートウェイが"架け橋"となる。

029

IoT普及の後押しとなった「SoC」

支持されるSoC製品にはオープンな環境がカギ

SoCは「System on a Chip」の略称で、1枚の基板（チップ）の上に、システムの動作に必要なすべての機能を実装する方式を指します。スマートフォン・タブレット用のSoCとしては、iPhone 11 Proに搭載されているAppleの「A13 Bionic」のほか、Qualcommの「Snapdragon」、サムスン電子の「Exynos」、Intelの「Atom」などが馴染み深いといえるでしょう。CPU、RAM、GPU、DSP、GPIOなどのコンピュータのコアな機能が実装されることが多く、コンパクトでありながらも省電力で、低コストかつ高速です。組み込み用としても普及しており、IoTデバイスへの活用に注目が集まっています。

IoTの普及にはSoCが不可欠ですが、それを示す例として、中国のEspressif Systems社が開発した「**ESP8266**」があります。ESP8266には、RISC（CPUが処理すべき命令を簡素化して処理速度を上げる）プロセッサとWi-Fiモジュールが搭載されていて、価格も数百円程度と安く、技適も取得済みで日本国内での利用も問題ないことから一気に普及しました。特筆すべき点は、Arduinoの開発ツールを使ったファームウェアの書き換えが可能であるということです。オープンな開発ツールを利用して、たとえばラジコンなどもESP8266を使って低価格で実現でき、いかにも中国企業らしい製品といえましょう。

SoC製品が普及するには性能も重要ですが、より使いやすいオープンなエコシステムの存在がカギなのです。

SoCにはさまざまな機能が実装されている

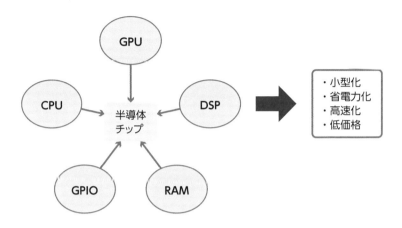

▲CPUやGPU、RAMやGPIOなど、コンピュータのコアとなるさまざまな機能をSoCに実装することで、「小型化」「省電力化」「高速化」などのメリットが生まれる。

IoTでも注目が集まる「ESP8266」

▲ファームウェアの書き換えでラジコンなどにも応用可能。RAM、アンテナ、シールドなどを一体化した「ESP-WROOM-02」というさらに実用的な製品もある。

030
「センサー」がなければ
ただの「モノ」

センサーは検知対象ごとに多種多様

027節でも解説したとおり、IoTでは「センシング」と「フィードバック」が重要な役割を果たしています。スマートフォンやウェアラブルデバイスは、自らが周辺の状況の変化を検知し（センシング）、その情報をゲートウェイを通じてサーバに送信して処理させ、その結果を受け取って画面表示などを行う（フィードバック）しくみです。センシングがなければ、デバイスはサーバから情報を受け取って画面表示や音声通知などを行うだけとなり、普通のテレビと同じようなものになってしまいます。これではIoTとは呼べません。**デバイスが情報出力を行うための「モノ」ではなくIoTの構成要素となるためには、センシングを行う実体である「センサー」の存在が欠かせない**のです。

ひと口にセンサーといってもその種類は多様です。検知する対象物によって必要なセンサーは異なり、人間の五感や自然界で発生する現象などによって名前が付けられています。加速度や圧力、振動、温度、湿度、光……枚挙にいとまがありません。それぞれにセンサー製品が開発され、提供されています。検知したい現象にふさわしいセンサーをデバイスに組み込むことで、その現象のセンシングが可能になります。

たとえばウェアラブルデバイスには多数のセンサーが内蔵されています。歩数をカウントするための振動センサー、昇降を測定するための気圧センサー、脈拍を計測するための光学センサー、血中の酸素濃度を測るためのSpO2センサーなどです。

検知対象とセンサーの分類

検知対象	センサーの分類
加速度	加速度センサー
ひずみ	ひずみゲージ（ストレインゲージ）
圧力	圧力センサー、圧電フィルム、気圧センサー
振動	振動センサー（変位、速度、加速度）、レーザードップラ振動計
温度	熱電対、サーミスタ、RTD、IC温度センサー、赤外放射温度計
湿度	湿度センサー
光	光センサー、光電素子、フォトダイオード、フォトリフレクタ（反射型光センサー）、フォトインタラプタ（通過型光センサー）、カラーセンサー
不可視光	赤外線センサー、紫外線（UV）センサー、放射線センサー
地磁気	地磁気センサー、デジタルコンパス
化学	臭気センサー、PHセンサー、アルコールセンサー、各種ガスセンサー
距離	超音波距離センサー、光学式距離センサー、電磁波距離センサー
磁場	磁気センサー
回転角	ポテンショメータ、回転角センサー、デジタルコンパス
角速度	ジャイロセンサー
画像	CCDイメージセンサー、CMOSイメージセンサー
水流	フロー（流量）センサー
位置	エンコーダ、位置スイッチ、LVDT、電波式測位
動体	レーダーセンサー
音	コンデンサマイク、シリコンマイク、超音波センサー
電気	電流センサー、電力センサー

▲センサーには自然界で発生する現象に応じてさまざまな種類がある。

031
センシングを支える
最新センサーの数々

最新のセンサーは何がすごいのか？

センサーは小型化・省電力化・高精度化によってIoTの可能性を押し広げています。中でも**化学センサーは進化が目覚ましく需要が高い分野**です。化学センサーの進化は、半導体化学に有機化学、触媒化学、生物化学を融合した成果だといわれています。

030節で挙げた臭気センサー、PHセンサー、アルコールセンサー、各種ガスセンサーなどのほかに、バイオセンサーや微生物センサー、免疫センサーなどもあります。PHセンサーはイオンセンサーとも呼ばれ、化学センサーの中でも重要なセンサーとされていて、臨床医学などの分野で有望視されています。PHセンサーには「ISFET」や「LAPS」などの実現方法がありますが、ISFETは電界効果トランジスタ（FET）の採用によって高性能化され、血液などの組織液のリアルタイムな測定を可能にした事例も報告されています。

自動車の自動運転技術の実現も期待されています。検知対象によってさまざまなセンサーが利用されており、画像を検知するイメージセンサー、動体を検知するレーダーなどに加えて、最近では「LiDAR」と呼ばれる光センサー技術も注目されています。LiDARはレーザー光を照射し、反射や散乱を測定して対象物の距離や方向を高精度に測定します。かつては人工衛星や航空機に搭載され、地形測定などに利用されてきましたが、小型化が進み、ドローンにも搭載されるようになりました。自動運転ではカメラやミリ波レーダーと合わせてLiDARが使われ、各々の利点を活かし、欠点を補う形で総合的なセンシングを可能にしています。

最新のセンサーがブレークスルーを起こす

臨床医学とPHセンサー

FETの採用で
小型化・高速化・高精度化

血液などの
組織液

リアルタイムに高精度な
イオン濃度の測定が可能に

自動運転とレーザー光センサー

**イメージセンサー
（カメラ）**

対象物の色や形状、
距離などを検知

LiDAR（レーザー）
レーザー照射により距離や
形状を高精度に検知

ミリ波レーダー
対象物の動きや
距離などを検知

▲検知対象を拡げたり高性能化したりすることで、さまざまな分野で革新が生まれる。

032
多様化するセンシングと
フィードバック

デバイスが世界を席巻する未来がやってくる!?

　世界のIoTデバイスの数は、どのくらいあるのでしょうか？　総務省が発表した「平成30年度情報通信白書」では、2020年で400億個のモノがインターネットに接続されるという見解が示されています。ここから考えれば、**社会の至るところにデバイスが組み込まれるということで、"センシングとフィードバック"もますます多様化していく**ということでしょう。それには、センサー活用の工夫と新たな価値を提供し得るサービスの開発が欠かせませんが、現在でも、ユニークなIoTデバイス・サービスはたくさんあります。本節では、センシングとフィードバックにフォーカスしながら、興味深いデバイスを紹介したいと思います。

　「Chipolo」は超小型デバイスです。一見コイン型のキーホルダーのように見えますが、鍵や財布などに付けておくと、置き場所を忘れたときに、スマートフォンの専用アプリから探すことができます。

　「Netflix Socks」は靴下がデバイスになっており、履いたユーザーの動作が一定時間止まると、寝落ちを検出して動画を停止したり、テレビの電源をオフにしたりしてくれます。

　「CareProduct Tempo」は子どもや高齢者を見守る時計型のウェアラブルデバイスです。ドコモ・ヘルスケアのムーヴバンドシリーズのようなものですが、「見守り」IoTサービスであり、ユーザーの行動（歩行、駆け足、休憩など）をトラッキングして日常の行動パターンをモニタリングし、いつもと異なるパターンが検知されたときに家族などにアラートで知らせます。

介護システムにおけるセンシングとフィードバック

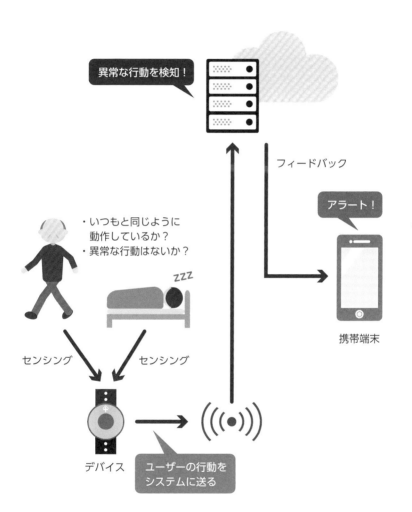

異常な行動を検知！

フィードバック

アラート！

・いつもと同じように
　動作しているか？
・異常な行動はないか？

zzz

携帯端末

センシング　　　　センシング

デバイス

ユーザーの行動を
システムに送る

▲ユーザーの異常を検知したら、ゲートウェイを経由してシステムにアクセスし、遠隔地にい
る家族などの携帯端末のアラートを鳴らす。

033
IoTの可能性は
フィードバック次第

デバイスの機能がIoTサービスの価値を決める

　ここでもう一度、「フィードバック」について考えるため、「**デバイスの機能でIoTの価値・可能性が決まる**」という話をしましょう。当然のことですが、フィードバックは「可視化」「通知」「制御」の中で、自らのサービス内容に沿うものを選択すれば問題ありません。しかし、もっとも大切なのは「何を行えるようにするか？」なのです。

　IoT冷蔵庫の例を挙げます。ドアにはサイネージディスプレイが付いており、レシピなどを表示したり、スマートフォンで冷蔵庫内の状態を確認したりできます。まさに先端の家電で魅力的といえますが、いま使っている冷蔵庫を捨ててまで購入するでしょうか。また、世の中すべてにIoT冷蔵庫が普及するでしょうか。答えは限りなくNOに近いといえます。確かにとても便利なモノですが、生活を一変させるほどではないでしょう。

　しかし、もし冷蔵庫から食材を注文できたり、食材が足りなくなったときに自動で注文したりしてくれる機能が搭載されるとしたら、話は変わってくる可能性があります。毎日の日課だった買い物に行く必要がなくなるかもしれません。また、足腰の不自由な人にとっても便利だと考えられるため、入居型の介護施設や要介護者のいる住宅などで普及するかもしれません。そうなれば、間違いなく冷蔵庫のあり方は変わっていくことでしょう。

　このように、同じIoT冷蔵庫でも、フィードバック次第で世の中に与えるインパクトに大きな差が生じるのです。

フィードバックのあり方

・レシピの表示
・カメラで中身を管理

・レシピの表示
・カメラで中身を管理
・自動でネット注文

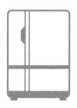

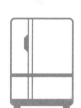

便利ではあるが、生活を
一変させるほどではなく、
影響も限定的

生活スタイルが大きく変わる！
家庭だけでなく、介護業界で
広く普及する可能性も！

世の中に与える影響はフィードバック次第！

▲IoTでさまざまな機能を付加できる。その反面、フィードバックはじっくり検討する必要がある。

034

IoTで利用される無線通信規格

IoTで変わるネットワーク形態

現在「**LAN（Local Area Network）**」は、有線LANといえばイーサネットを利用した有線ネットワークを指し、無線LANといえば「IEEE 802.11」という規格の無線通信を利用した無線ネットワークを指すのが普通です。しかしLANは、もともとは通信の方法や技術ではなく、「ネットワークの規模」を表す用語で、ややあいまいではありますが、自宅やオフィス、学校、工場、施設など、おおまかには「一組織規模のネットワーク」のことでした。同様に、現在ではインターネットとほぼ同義で使われることが多い「**WAN（Wide Area Network）**」も、もとはネットワークの規模を表す用語で、市や県、国、さらには世界といった多数の組織を含む広域ネットワークを指しています。

「**MAN（Metropolitan Area Network）**」や「**PAN（Personal Area Network）**」も、もとはネットワークの規模を表しており、MANは1000BASEの光ファイバーを利用したLANとWANの中間にあたる都市規模のネットワークを、PANはLANより小規模の個人レベルのネットワークを指していましたが、IoTが登場してネットワーク形態が多様化したことで、現在ではかつてとは異なる意味で利用されることが多くなっています。MANは現在では「LPWA」を利用したスマートシティや大型牧場などのメッシュ型広域IoTネットワークを指す用語として定着しつつあります。一方、「Bluetooth」や「ZigBee」などを利用したメッシュ型の近距離IoTネットワークは、PANと呼ばれることが増えています。

ネットワークの規模

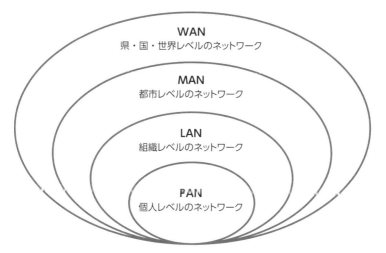

▲ネットワークの規模によって「PAN」「LAN」「MAN」「WAN」に分類できる。

広域ネットワーク「MAN」

▲長距離通信を可能にする「LPWA」を利用したスマートシティなどはMANの典型例といえる。

035

IoTで注目される
近距離無線通信と規格

IoTを支える「Bluetooth」「ZigBee」「RFID」

　近距離無線通信技術とその規格はIoTの土台であり、とくに
「Bluetooth」「ZigBee」「ＲＦＩＤ」はIoTに欠かせない存在です。

　スマートフォンやパソコン周辺機器でもお馴染みの「**Bluetooth**」
は、2.4GHzの周波数帯を79の周波数チャネルに分割し、電波干渉を
避けるために「周波数ホッピング」というしくみで通信を行う、
「IEEE 802.15.1」の名で規格化された近距離無線通信規格です。通
信速度は最大3Mbpsですが、Ver 3.0で追加された「Bluetooth +HS」
の利用時には、最大24Mbpsの高速通信が可能になりました。通信
距離も、通常は数mから数十m程度ですが、Ver 5.0では最大数百m
まで到達可能となりました。

　次に「**ZigBee**」です。ZigBeeはセンサーネットワークを主目的
とする近距離無線通信規格で、「IEEE 802.15.4」の名で規格化され
た無線通信技術をベースにしています。最大の特徴は、大量のデバ
イスを耐障害性の高い「メッシュネットワーク」で接続可能なこと
です。とくに業務用IoTシステムで広く採用されています。

　最後に「**RFID（Radio Frequency Identification）**」です。
RFIDは「RFタグ（無線タグ）」に記録されている固有IDなどのデー
タを、電波を利用して非接触で読み書きできる技術で、RFタグに
電池を搭載し、タグ側から能動的に通信が可能な「アクティブ型」、
電池非搭載でリーダー／ライタからの電磁波を動力源として稼働す
る「パッシブ型」、両者の機能を合わせ持つ「セミアクティブ型」
が存在します。

IoTを支える「Bluetooth」「ZigBee」「RFID」

Bluetooth

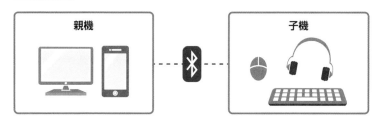

ZigBee

1つのZigBeeネットワーク
に大量のデバイスを接続可能

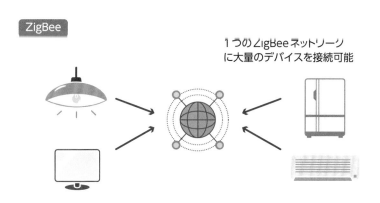

RFID

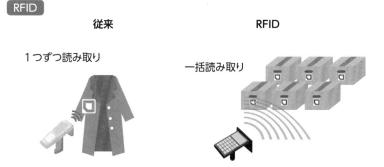

▲IoTのカギとなる技術の1つが近距離無線だ。汎用性の高い「Bluetooth」、大量のデバイスを接続できる「ZigBee」、多くの情報を一括で読み取れる「RFID」などがある。

036

IoTの実現に欠かせない国際規格 「6LoWPAN」

IoT PAN上で「IPv6」を利用可能にする

「6LoWPAN（IPv6 over Low Power Wireless Personal Area Networks）」は、かんたんにいえば、IoTの実現に欠かせない低消費電力の「PAN」上で、「IPv6」を利用したメッシュ型ネットワークを構築するための標準プロトコルです。

IoTが本格化するとインターネットに接続するデバイスの数が激増し、従来のIPv4の32ビットアドレスでは足りなくなってしまいます。これが俗にいう「IPアドレス枯渇問題」で、そのために生まれたのが128ビットアドレスの「IPv6」です。しかしながら、IoTで利用される低消費電力「PAN」の最大パケット長は、ZigBeeのベースとなっている「IEEE802.15.4」は127byte、「Bluetooth LE」に至っては47byteと非常に小さく、そのままではIPv6をまともに利用できません。BluetoothやZigBeeは独自のデバイスアドレスを利用しており、IPネットワークと直接接続できないのはこれが理由です。

そこで登場したのが「6LoWPAN」です。ZigBeeと同じく「IEEE802.15.4」をベースにしており、ヘッダーの圧縮やさまざまな最適化を仕様化して、IPv6での効率的な伝送を可能にしています。つまり、6LoWPANを利用すれば、低消費電力のメッシュ型IoT PANをWi-Fiやインターネットに直結できるようになるのです。将来的にはIoTを支える屋台骨になると目されており、すでに次世代ZigBeeである「ZigBee IP」や、LPWAとして取り上げられることが多い無線認証規格「Wi-SUN」、「Bluetooth 4.2」などが6LoWPANを採用しています。

IoT PANとインターネットをつなぐ「6LoWPAN」

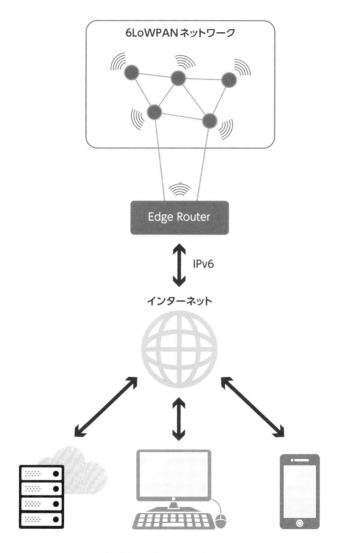

▲6LoWPANを採用すれば、多数のデバイスが存在していても、個々のノードに個別のアドレスを付与することができ、直接インターネットに接続することが可能だ。

3

これでわかった！ IoTを支える技術

037

IoT時代に適したWi-Fi規格

　「IEEE 802.11」の名で規格化された「Wi-Fi」は、現在もっとも広く利用されている無線通信規格で、IoTでもフル活用されています。最新バージョンは2019年9月に発表された「**IEEE 802.11ax**」で、「**Wi-Fi 6**」とも呼ばれています。「IEEE 802.11n」(Wi-Fi 4)と同様に、2.4GHz帯と5GHz帯を共に利用可能な無線通信規格で、最大通信速度は9.6Gbps、実効速度は1Gbps以上と前世代よりも大幅に向上しています。

　それ以上に重要なのが、多数のデバイスが接続されたときの安定性です。Wi-Fi 6は「OFDMA(直交周波数分割多元接続)」という技術を採用することで、同一周波数帯をより効率よく複数のデバイスで共有することができます。また、Wi-Fi 5で採用された「MU-MIMO」も、最大接続デバイス数が倍増しています。さらに、Wi-Fi 6には「Target Wake Time」と呼ばれるクライアントデバイスの省電力機能が備わっており、接続スケジュールを効率化することでクライアントデバイスのスリープ時間を増やすことが可能です。

　Wi-Fi 6は、IoTを見据えて順調に進化した規格ですが、Wi-Fiを巡ってはすでに新たな動きが始まっており、2020年1月には対応周波数に新たに6GHz帯を加えた拡張規格「Wi-Fi 6E」が発表されました。おそらく「Wi-Fi 7」となるであろう次世代規格「IEEE 802.11be」の標準化作業もすでに開始されており、5Gと同様、低遅延を重視した規格になる可能性が高そうです。**Wi-FiとIoTは今後もますます切り離せない関係となる**でしょう。

進化し続ける「Wi-Fi」

世代	規格名	策定時期	周波数帯	最大通信速度
第1世代	IEEE 802.11	1997年6月	2.4GHz帯	2Mbps
第2世代	IEEE 802.11a	1999年9月	5GHz帯	54Mbps
	IEEE 802.11b		2.4GHz帯	11Mbps
第3世代	IEEE 802.11g	2003年6月	2.4GHz帯	54Mbps
第4世代 (Wi-Fi 4)	IEEE 802.11n	2009年9月	2.4GHz帯／5GHz帯	600Mbps
第5世代 (Wi-Fi 5)	IEEE 802.11ac	2013年12月	5GHz帯	6.9Gbps
第6世代 (Wi-Fi 6)	IEEE 802.11ax	2020年1月	2.4GHz帯／5GHz帯	9.6Gbps

Wi-Fiを利用したIoTネットワーク

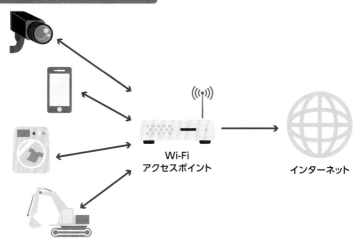

**Wi-Fi
アクセスポイント**　　　**インターネット**

▲ 「Wi-Fi 6」は通信速度が高速化し、多数のデバイスを同時に接続できるメリットがある。
IoT時代に最適な規格として注目を集めている。

3

これでわかった！ IoTを支える技術

038

低消費電力で長距離通信を
可能にする「LPWA」

広域IoTネットワークの構築に不可欠な存在

　「L P W A (Low Power, Wide Area)」（エルピーダブリューエー）は、ZigBeeや
Bluetooth、Wi-Fiといった近距離無線通信では届かない**数km〜数
十kmの長距離無線通信が可能で、なおかつ省電力性に優れた無線
通信技術**の総称です。長距離無線通信といえば3Gや4G／LTE、来
たるべき「5G」などのいわゆるキャリア回線がありますが、キャ
リア回線の利用には通信事業者との契約やSIMカード、専用モ
ジュールなどが必要です。また、通信利用料が発生してしまうため、
たとえば大規模牧場でIoTを利用した家畜管理システムを導入する
ような目的では膨大なコストがかかってしまいます。つまり、広域
IoTネットワークを構築するためには、通信費がかからず、省電力
性と長距離無線通信が不可欠で、それを実現するものとして注目を
集めているのがLPWAなのです。

　LPWAはあくまで総称であり、BluetoothやWi-Fiのような特定の
規格やプロトコルの名前ではありません。かんたんにいえば、「長
距離無線通信」と「省電力性」という2条件を満たす無線通信の総
称がLPWAです。LPWAの代表例としては、ゲートウェイ経由で
IoTデバイスをスター型に接続し、電池寿命10年といわれる超省電
力のIoTネットワークを構築できる「LoRa (LoRaWAN)」（ローラ）や、通
信速度こそ最大100bpsと低速なものの、最大50km程度もの長距離
無線通信が可能な「SIGFOX」（シグフォックス）、日本主導で開発・規格化が進められ、
日本全国のスマートメーターで利用されている「Wi-SUN」（ワイサン）などが
挙げられます。

LPWAの主な通信規格

LoRaWAN

IoTデバイス ／ ゲートウェイ ／ システムサーバ ／ アプリケーションサーバ

SIGFOX

IoTデバイス ／ 基地局 ／ クラウド ／ 分析・活用

Wi-SUN

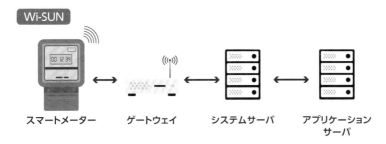

スマートメーター ／ ゲートウェイ ／ システムサーバ ／ アプリケーションサーバ

▲低消費電力で長距離通信が可能なLPWAは、IoTデバイスをインターネットに接続するのにふさわしく、IoTの発展を支える技術として欠かせない。

3
これでわかった！ IoTを支える技術

039

IoTを支える「5G」の可能性

「5G」がIoTに新たな可能性をもたらす

038節で広域IoTネットワークにはLPWAが不可欠だと述べましたが、実際には広域IoTにキャリアが提供する「IoT向け無線通信サービス」を利用する事業者は少なくありません。3Gや4G／LTEを利用するキャリアのIoT向けサービスは、「通信費がかかる」「デバイスの消費電力が大きい」といったデメリットがある一方で、キャリア回線を利用しているためほぼ日本全域で利用でき、通信速度が比較的高速で信頼性が高いといったメリットがあるからです。5Gが本格化すれば、とくに広域IoTのキャリア依存は、現在よりはるかに高くなるかもしれません。

5Gと並んで**IoTの新たな可能性を切り拓く技術として、衛星通信も期待が高まっています**。現行の衛星通信の通信速度は多くが数百kbps、最大でも数十Mbps程度で、地球全体をカバーするようなサービスはほとんどなく、衛星までの距離ゆえに遅延があるなど、あまりメリットが大きくありません。そのため、IoTでの利用は013節で紹介した「KOMTRAX」など、キャリア回線の利用に何らかのハードルがあるサービスや、万一に備えたバックアップ回線などに限られていました。しかし、総務省が2017年に発表した「宇宙×ICTに関する懇談会報告書」では、2030年に衛星ブロードバンドサービスの完成を目指すとされています。NTTとJAXAは2020年5月、衛星通信を「LoRa」や「SIGFOX」に対応させて日本全域をカバーするIoTネットワークを構築する実証実験を発表するなど、「衛星IoT」の研究が進んでいます。

遠距離＋高速・低遅延を埋める「5G」

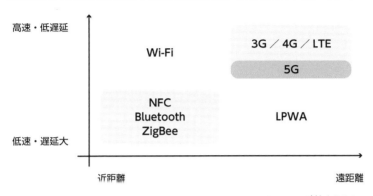

▲ 「遠距離」「高速・低遅延」を埋める「5G」が新たなIoTサービスの起爆剤となるだろう。

衛星通信を利用したIoTの概念図

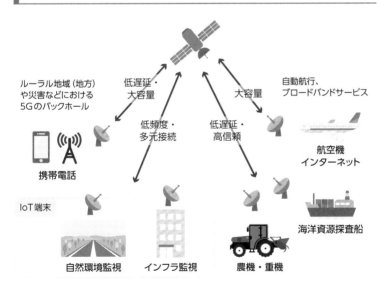

出典：総務省「宇宙×ICTに関する懇談会報告書」

▲技術革新は凄まじい勢いで進んでいる。2030年には、衛星通信で地球上の多様な端末が接続されるかもしれない。

040

使用する無線技術を選ぶポイント

通信距離、通信速度、目的などで最適な技術を選ぶ

　ここまでIoTによく使われるさまざまな無線技術を紹介してきましたが、使用する無線技術はどのように選べばよいのでしょうか。

　デバイスからアクセスポイントまでの距離が数百mを超えるようなIoTの場合、選択肢は事実上、「LPWA」と「3G／4G／LTE／5G」の2択になります。必要な通信速度やリアルタイム性によって選ぶとよいでしょう。一方、数十m以下の場合は、各無線技術の性格を考慮して選ぶ必要があります。近距離IoT用無線技術の主な候補は「Wi-Fi」「Bluetooth」「ZigBee」あたりですが、この中で通信速度がもっとも高速なのはWi-Fiです。ただし、Wi-Fiは消費電力が大きく電力供給面で不利な部分もあります。

　Bluetoothの長所は汎用性の高さです。Ver 4.2で「6LoWPAN」を採用したことでIPv6が利用可能になり、パソコンやスマートフォンとの連動も容易です。加えて、Ver 4.0で追加された「Bluetooth LE」は、数ある無線通信規格の中でも屈指の省電力性能を誇り、Ver 5.0では待望の「メッシュネットワーク」にも対応しています。

　ZigBeeはもともとIoTに特化した無線通信で、スリープ時の待機電力の少なさと復帰速度に優れ、とくにデータ送信頻度が低いシステムで高い省電力性能を発揮します。最大65,536個のデバイスを耐障害性の高い「メッシュネットワーク」で同時接続できるので、大量のセンサーを同時使用するようなシステムにはうってつけです。

　以上はあくまで目安であり、**利用するデバイスや実現したいサービス次第で最適な無線技術は変わってきます。**

得手不得手が異なるIoTの無線技術

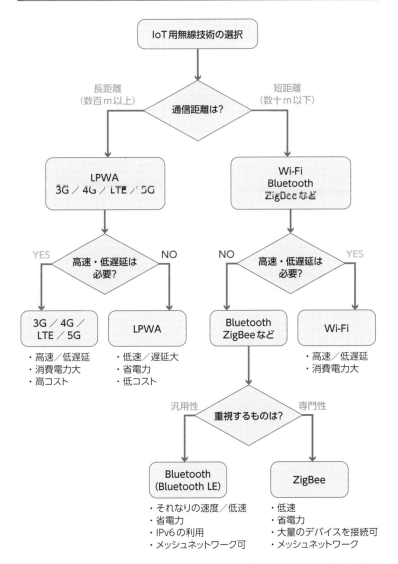

▲無線技術にはさまざまな種類がある。それぞれで通信特性が異なるため、目的とする用途に合ったものを選ぶとよいだろう。

041

ビッグデータとIoTの関係って？

ビッグデータは収集するだけでは何の価値もない

　「ビッグデータ」はIoTとセットで語られます。ビッグデータ自体は、出力デバイスのセンサーからサーバに送られてくる情報の総体に過ぎません。しかし、分析を行うことで、新しいサービスや価値を創出できる可能性があるのです。IoT最大の恩恵ともいわれており、技術動向や市場調査を得意とするフォレスターリサーチ（アメリカ）のブライアン・ホプキンス氏は、「**IoTの行く末はビッグデータ"分析"で決まる**」という趣旨のコメントをしています。

　ここまでくれば一目瞭然ですが、"分析"というキーワードがミソで、「ビッグデータがあればよし」というわけではありません。冒頭で記したように、ビッグデータはあくまでも情報の総体であり、分析して活用しない限りは意味を成さないのです。さしずめ、さまざまな鉱石が埋まった未開拓の鉱山といったところでしょうか。その分析や活用法に多くの企業が日夜アイデアを練っているのが業界の現状ですが、世界を見るとすでにビッグデータを効率的に活用している事例が散見されます。

　たとえば、スペイン・バルセロナでは、市内全域にWi-Fiを適用し、センサーネットワークを構築しました。ネットワークに接続された「スマートバス停」では、住民が気温や騒音レベル、通行人の通行状況などを把握できます。ほかにも、仏クレルモン・フェラン大学病院では、アプリ認証で医療機器などから患者データを送信し、医師の診療に活かすシステムを導入しています。今後、日本でもこのような活用事例が続々と出てくることでしょう。

IoTはビッグデータの活用で決まる!

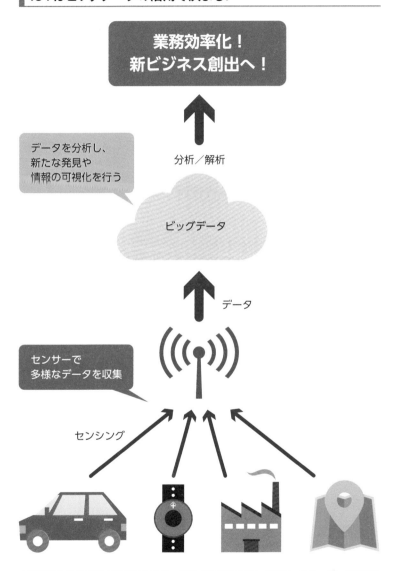

業務効率化!
新ビジネス創出へ!

データを分析し、
新たな発見や
情報の可視化を行う

分析／解析

ビッグデータ

データ

センサーで
多様なデータを収集

センシング

▲従来では考えられないほど膨大なデータをIoTで収集できるようになったが、データは活用
できなければ価値がない。

042
ビッグデータ分析には
人工知能の活用が欠かせない

雑多なビッグデータから「AI」が価値を引き出す

　ビッグデータから実際に役立つ「何か」を引き出すには適切な分析が不可欠であり、効率的な分析を行うために重要とされているのが「**人工知能（AI）**」です。

　国内でのビッグデータとAIの活用例で有名なのが、回転寿司チェーンの最大手「スシロー」です。スシローは2002年に寿司皿にICチップを導入し、IoTで客の食事を見える化しました。季節や天候などのデータと合わせて高精度で売上予測が可能な「回転すし総合管理システム」を導入したことで、廃棄率は100皿中1皿まで減少し、売上がアップしました。機会損失と廃棄ロスを共に下げるという驚くべき成功を収め、以後右肩上がりの成長を続けています。

　また、ダイドードリンコのように、ビッグデータ分析が常識を覆した事例もあります。小売業界には長らく、顧客の視点は左上→右上→左下→右下の順に移動する「Zの法則」と呼ばれる常識があり、多くの企業が陳列棚の左上を特等席と考えて商品を配置していました。しかし、ダイドードリンコは自動販売機に顧客の視点移動を検出できる「アイトラッキング技術」を活用し、購買データと合わせて分析したところ、顧客の視点は最下段の陳列スペースに集中することが判明――下段優先の商品配置に変更した結果、主力商品の売上上昇につながりました。

　以上のように、**IoTで収集してクラウドに集積されたビッグデータは、AIで分析することで初めて実際に活用が可能な価値あるデータに変わります。**

IoT×ビッグデータ×AIの関係

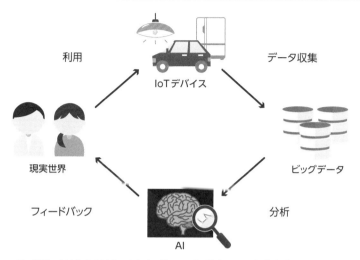

利用　データ収集

IoTデバイス

現実世界　ビッグデータ

フィードバック　分析

AI

▲ビッグデータは集めるだけでは意味がない。ビッグデータから価値を引き出すためにはAIによる分析が欠かせない。

ビッグデータ分析が覆した小売りの常識

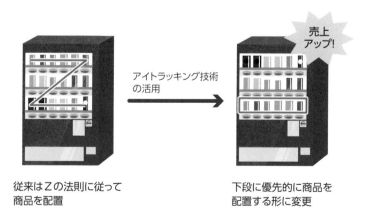

アイトラッキング技術
の活用

売上
アップ!

従来はZの法則に従って
商品を配置

下段に優先的に商品を
配置する形に変更

▲ダイドードリンコでは、アイトラッキング技術を活用してビッグデータを分析することで、主力商品の売上アップにつなげた。

043
人工知能の核となる
「ディープラーニング」

ビッグデータの分析を可能にした「ディープラーニング」

　ビッグデータの分析に欠かせない人工知能を支える最重要技術が「機械学習（Machine Learning）」の一手法である「**ディープラーニング**」です。機械学習は、教材となる大量のデータをAIに与えて処理させることで、AI自身にアルゴリズムを学習させるための技術や手法です。そしてディープラーニングは、アルゴリズムに「**ニューラルネットワーク**」、すなわち人間の脳神経回路を参考にした数理的モデルを利用する機械学習の一手法です。

　ニューラルネットワークを利用した機械学習は、実は新しい概念ではありません。強大なマシンパワーが必要で敬遠されてきた手法でしたが、コンピュータの性能が劇的に向上したことで実用化の目処が立ち、2010年代には囲碁界に衝撃を与えた「AlphaGO」など次々と大きな成果を上げ、現在ではAIの中核技術となりました。

　一般のプログラムとディープラーニングを利用したAIの最大の違いは、アルゴリズムの最適化方法と対応可能な処理範囲です。一般のプログラムでは、アルゴリズムの最適化はプログラマーの仕事で、プログラミングされていないもの、たとえばビッグデータに含まれる非構造化データなどは処理できません。対してディープラーニングは、大量の学習用データを用意する必要があるものの、AIが自ら学習することでアルゴリズムの最適化を行うため、人の手でルールベースを用意する必要がなく、非構造化データも処理できます。このように、**ディープラーニングの実用化こそが、ビッグデータの分析を可能にした**のです。

人工知能、機械学習、ディープラーニングの位置付け

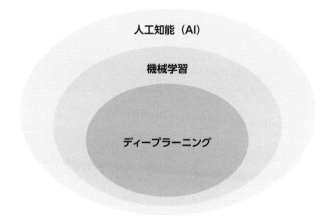

▲この3つは混同されがちだが、人工知能が機械学習とディープラーニングを内包するという構造になっている。

ディープラーニングのしくみ

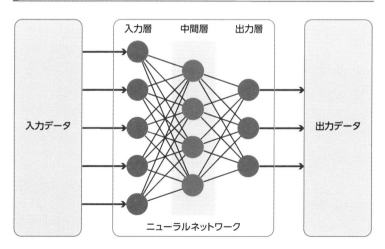

▲ディープラーニングはニューラルネットワークを何層にもすることで、大量のデータから自動的に特徴をつかんで判別する。

044

ディープラーニングを加速させる「GPU」

ディープラーニング実用化の立役者となった「GPU」

ディープラーニングは現在の人工知能を支える核心技術ですが、ディープラーニングがこれほど急速に発展した裏側には、「GPU（Graphics Processing Unit）」の存在があります。

GPUはその名のとおり、もともとはグラフィック、とくに3Dグラフィックを高速に描画することを目的としたハードウェアでした。「CPU」との違いは、汎用プロセッサであるCPUが、さまざまな処理が可能であるものの設計が複雑な演算器を少数搭載するプロセッサであるのに対して、特化型プロセッサであるGPUは、定型的な処理しかできない代わりに、設計が単純な演算器が大量に搭載されているという点です。つまり、複雑・多様な計算が可能だが並列処理が苦手なCPUに対して、GPUは定型的な計算であれば同時かつ大量に並列処理できるという長所があります。

そしてGPUの長所は、ディープラーニングにとってあつらえ向きの機能でした。ディープラーニングの主要な処理の実体は、数学的には「行列の積和演算」、つまり行列のかけ算と足し算をひたすらくり返すことですが、実は行列の積和演算は3Dグラフィックにおけるポリゴン描画処理に使われる計算でもあります。つまり、3Dグラフィックのポリゴン描画処理に特化したプロセッサであるGPUは、期せずしてディープラーニングに特化したプロセッサでもあったわけで、GPUを利用したことでディープラーニングの精度は爆発的に向上しました。GPUこそ、現在のAI研究の進化を支える立役者だといえます。

CPUとGPUの違い

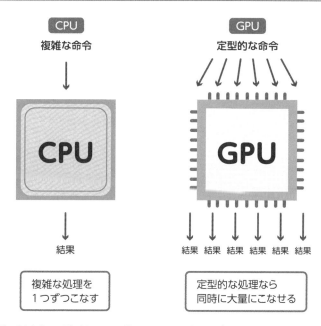

▲並列処理を行うのが苦手なCPUに対して、GPUは大量のデータを同時に処理できる。

最新のディープラーニング用GPUプロセッサ

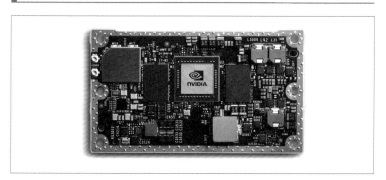

▲NVIDIAが提供する組み込みAIコンピューティング「Jetson TX2 Module」。ディープラーニングをはじめ、より広く複雑な画像処理を実現する。

045

「組み合わせ最適化問題」を
解決する最新コンピュータ

近似解を導き出せる「アニーリングマシン」

IoTの機能や役割には4つの段階があるといわれています。1つめは「**監視**」で、センサーなどを利用してこれまで見えなかったものや状態を見える化します。2つめは「**制御**」で、監視で得られたデータと事前に設定したルールに基づいて機器を自動制御します。3つめは監視と制御を組み合わせて状況を「**最適化**」し、4つめは前述した3つの段階をすべて使ったシステム全体の「**自律化**」です。「監視」と「制御」に関しては、センサーなどのハードウェアと制御ソフトその他のソフトウェア次第ですが、現時点でかなりのレベルまで達成されています。しかし、3つめの「最適化」（与えられた条件の下で、多くの選択肢の中からもっとも価値の高い組み合わせを導き出すこと）はなかなか難しく、とくに「組み合わせ最適化問題」が絡むような問題は、現時点では解決困難とされています。

ただし、組み合わせ最適化問題の完全解決は困難でも、近似解を得る方法は現時点ですでに存在しており、それが富士通の「デジタルアニーラ」に代表される組み合わせ最適化問題の処理に特化した、非ノイマン型コンピュータ「**アニーリングマシン**」です。アニーリングマシンは、金属の焼きなまし（アニーリング）現象から着想を得た「アニーリング方式」と呼ばれるアルゴリズムを採用したコンピュータで、数学的の難問である**組み合わせ最適化問題の近似解を高速に導き出すことが可能**です。すでに生産計画や在庫割り当ての最適化、製薬での分子類似性検索、ビッグデータのクラスタリングなど、組み合わせ最適化問題の解決に利用されています。

IoTがもたらす4つの段階

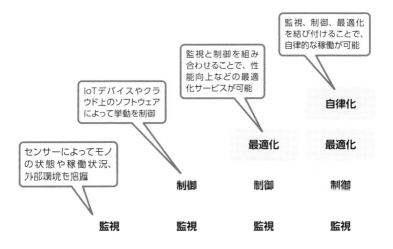

▲IoTの機能や役割には、その特性に応じて4つの段階がある。

組み合わせ最適化問題を解くアニーリング方式

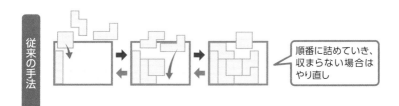

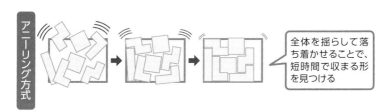

▲富士通による組み合わせ最適化問題を解くアニーリング方式のアプローチ方法。

Column

IoT時代の救世主となる 「エッジコンピューティング」

IoTのシステムは役割や目的によってさまざまですが、たとえば大量のセンサーを接続した工場用IoTの場合、データには不要なノイズが多く混じっているのが普通です。また、4K映像を撮影する情報収集用のIoTは、そもそもデータ量自体が巨大で、この種の無駄な、あるいは多すぎるデータを逐一クラウドに送信することは、通信コストやクラウド利用料の負担につながります。場合によってはネットワーク負荷によりシステム全体のパフォーマンスを低下させてしまうことにもなりかねません。加えて「コネクテッドカー」のように、そもそも常時インターネットに接続できるとは限らなかったり、高いレスポンス性を必要としたりするIoTも存在します。では、こうしたシステムはどうすればよいのでしょうか。その答えが「エッジコンピューティング」です。

エッジコンピューティングとは、「エッジ」と呼ばれる処理能力の高いコンピュータを現場に設置し、現場ネットワーク内で一定のデータ処理や分析を行うアーキテクチャです。エッジが担う役割はシステムによってさまざまですが、とくに自動運転車などではかなり高度な機能が求められ、すでに「エッジAI」と呼ばれるエッジ用のAIも登場しています。エッジでほぼすべての処理を行い、クラウドにはデータの管理だけを担わせる「エッジヘビー」と呼ばれるアーキテクチャの注目も高まっています。

IoTが発展するにつれて、今後ますますネットワーク・トラフィックは増大するはずであり、エッジコンピューティングはIoT時代に不可欠な存在の1つだといえます。

Chapter 4

低価格で誰でもできる!
身の丈IoTの第一歩

046

社内IoTを試すのに
最適なものとは?

社内IoTは身近なものから始めるのがよい

IoTは意外と参入しやすい分野だと感じる人は多いようですが、現状では多くの企業が一歩を踏み出せていません。IoTには大きな可能性がありますが、参入すれば成功するという保証はないので、これは当然です。その一方で、世界では新しいIoT製品やサービスが続々と登場し、話題をさらっていることも事実です。これを考えれば、「IoTについて知識レベルで済ませるのではなく、きちんと理解する」ことが、どの分野のビジネスでも重要だといえます。そのためにまず**社内でIoTを導入し、そのメリットや可能性を実感してみることには意義がある**のです。

社内でIoTを導入するときは、できるだけ調達しやすいものを利用します。IoTは「デバイス」「ゲートウェイ」「サーバ」で構成されていますが、デバイスは多くの場合、**マイコンボード**（051節参照）と**センサー**（050節参照）で構成されています。IoTの目的や求める性能、予算や使用環境などを考慮して選ぶ必要があるでしょう。また、ゲートウェイやサーバに相当するものとして挙げられるのが、世界中に存在する「**IoTプラットフォーム**」です（053節〜054節参照）。自前で構築するのもよいですが、データの蓄積や処理を考えると、既存の機能を利用したほうがはるかに効率的です。

このように、調達しやすいものを利用して試作品を作り、改良を重ねて完成形に持っていきます。量産が必要になってきたら、PCB（プリント基板）とPCBA（PCBに備品の実装までを含めたサービス）を視野に入れておくと、調達の手間をさらに省くことができます。

4

低価格で誰でもできる！ 身の丈IoTの第一歩

まずは自社でIoTを試すことから始める

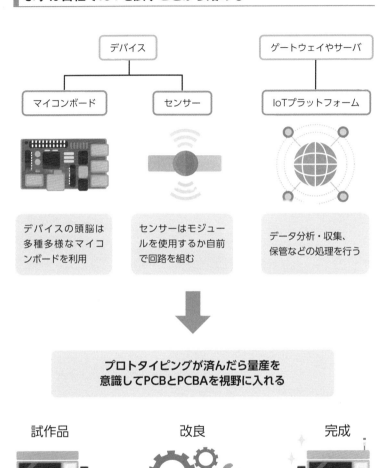

デバイス

マイコンボード　　　　　センサー

ゲートウェイやサーバ

IoTプラットフォーム

デバイスの頭脳は
多種多様なマイコ
ンボードを利用

センサーはモジュー
ルを使用するか自前
で回路を組む

データ分析・収集、
保管などの処理を行う

プロトタイピングが済んだら量産を
意識してPCBとPCBAを視野に入れる

試作品　　　　　　　改良　　　　　　　完成

▲社内IoTを導入するときは、まずは調達しやすいものを利用することで、低コストで試行錯
誤することができる。

047

IoTビジネスに必要なものを確認する

必要なものは多いがパッケージサービスも

ここでは各ビジネスでIoTを導入するための基礎知識を解説していきます。「IoTビジネスに最低限必要なモノ」からスタートしていきましょう。

まず、おさらいとなりますが、**IoTのしくみは「センサー」、「通信回線」、「マイコン」、「クラウド」、「出力デバイス」、これが基本形**となります。センサー（入力デバイス）はユーザーや周囲の環境をセンシングして、情報をサーバに送る役目を担うもので、さまざまなセンサーのほか、Beaconなども含まれます。そして、デバイスをネットワークにつなげる架け橋が、Wi-FiやBluetooth、3G／4G／5G／LTEなどであり、マイコンがデータをクラウドに送ります。通信回線もマイコンもさまざまな種類があるため、開発したいサービスを明確にしながら、それに合ったものを選んでください。

次のクラウドについては、インターネットイニシアティブ「IIJ IoTサービス」など、最近ではIoTに必要なデータ分析や管理、デバイス制御などの機能とクラウドを一体化させて提供しているサービスも続々と登場しており、今後は同類のサービスが普及してくると考えられます。要所要所で個別のシステムやアプリを導入しなくても済むので、初めてIoTを導入する際に役立つことでしょう。

このように、現在のIoTは、一からしくみを構築していくのではなく、複合的なサービスを活用できるので、多くの人が思っているほどサービス開発は困難ではないかもしれません。

4

低価格で誰でもできる！ 身の丈IoTの第一歩

これがあればIoTサービス開発を始められる

▲センサー
さまざまな種類があるので、サービスに合っ
たものを知ることが大切。

▲通信回線
センサーのデータをネットワークに送るため
の回線。接続方法も複数ある。画像はド
コモの5G紹介ページ（https://www.ntt
docomo.co.jp/corporate/technology/
rd/tech/5g/）。

▲マイコン
センサーとの相性やデバイスサイズなどを
考慮して、最適なものを選ぶことが大切。

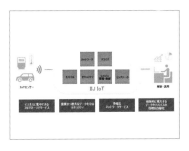

▲クラウド
最近はデータ保存など、クラウドの機能だ
けではなく、IoTに必要な要素がセットに
なって提供されているものが多い。画像は
IIJ「IIJ IoTサービス」の概念図（https://
www.iij.ad.jp/news/pressrelease/
2016/0719.html）。

048
リスクやコストを低減させる「プロトタイプ開発」が重要

まずはやってみるというスピード感が大事

　プロトタイプ開発は「プロトタイピング」とも呼ばれ、設計の早期段階から機能制限などを行った簡易版をプロトタイプ（試作）として作成し、リスクやコストを削減する手法です。発注する側は早期の段階で画面設計や動作、機能を確認することができ、望むものとのズレがあれば随時修正していけるため、できあがったものが想定と異なるものに仕上がるリスクを低減できます。開発する側も評価や変更をその都度行うことで手戻しを防止し、仕様変更にともなうコストの上昇を防ぐことができます。

　プロトタイプ開発は社内IoTに不可欠です。次々と新しい技術やサービスが登場する今、慎重に綿密な計画を立ててから実行するという従来の開発スタイルは、せっかくのチャンスを逃すことにつながりかねません。有望そうなアイデアが出てきたら、**不完全な状態でもまずは目に見える形にしてみて、その効果を確認するというスピード感が大切**です。とはいえ、プロトタイプ開発は万能ではなく、大規模プロジェクトにはあまり向かなかったり、プロジェクトが長期化してしまったり、開発側の負担が大きかったりなどのデメリットもあります。そのため、**プロトタイプ開発に適したプロジェクトであるかどうかの見極めも重要**といえるでしょう。

　また、プロトタイプは開発時のままでよいということはなく、結果を評価して改善という形でフィードバックし、よりニーズにマッチした形に進化させていくものです。そのための手法として代表的なものが、リーン開発やDevOps（049節参照）です。

プロトタイプ開発とは?

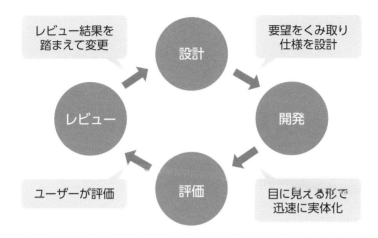

▲十分な計画を練って進めていくのではなく、「まずはやってみる」という行動が企業に求められている。

プロトタイプ開発のメリット・デメリット

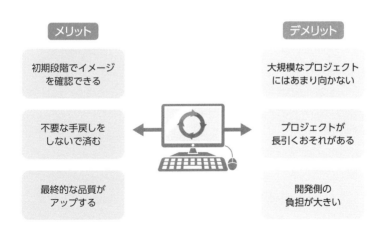

▲プロトタイプ開発には向き・不向きがある。デメリットを考慮したうえで、自社のプロジェクトに最適かどうかを判断する必要がある。

049
継続的な改善を実現する
開発手法

プロトタイプ開発で重要な「リーン」と「DevOps」

　プロトタイプ開発では、試作品を完成形に近づけるために継続的な改善が欠かせません。改善の主な手法として、「リーン開発」と「DevOps」があります。

　リーン開発は、開発プロセスから徹底的にムダを取り除くことを目的とした開発手法で、1980年代にマサチューセッツ工科大学で研究されたトヨタ生産方式がその原型といわれています。リーン開発は、立てた仮説に基づいて短期間で検証・評価をくり返すことで、よりよい製品・サービスを作り上げていくものです。コストを抑えて取り組めるため、予期せぬリスクが生じても損失を最小限にとどめることができます。

　DevOpsは、開発チーム（Development）と運用チーム（Operations）の双方が協調することでビジネスの価値を高め、製品・サービスの開発・導入を迅速かつ柔軟に進めようという概念です。2009年、写真ストレージサービス「Flickr」のエンジニアが実施したプレゼン「Flickrにおける開発と運用の協力」が原点といわれています。開発チームの目的である「新しい機能の追加」と、運用チームの目的である「システムの安定稼働」という対立しがちな概念を、ビジネス価値の向上やユーザーへの迅速な提供といった共通の目的に立ち返らせるために生まれた開発手法で、6つのツールと4つの企業文化が根底にあります。

　ムダをいっさい排除するリーン開発、迅速な開発プロセスを可能にするDevOpsは、IoT導入には必須の開発手法といえるでしょう。

プロトタイプ開発では継続的な改善が重要

リーン開発

DevOps

▲IoTの効果をより発揮させるためには、サービスリリース後も継続的に改善していく必要がある。リーン開発やDevOpsといった手法を利用するなどして、コストを抑えながらいかに開発を効率化できるかがカギとなるだろう。

050

【デバイス編】センサー選びは目的や条件に合わせて

センサーは適切な条件下で使用する

デバイスにおいてデータ収集のカギを握るのがセンサーです。センサーなしでは周囲の状況を把握することができないため、求める機能を実現してくれるセンサーを選ぶ必要があります。それでは、どのようにセンサーを選べばよいのでしょうか。

まずは、**何をやりたいのかという「目的」を明確にする**ことです。たとえば、地震を検知したときにLEDを点灯させるといった安全デバイスを作りたいとき、地震は震動をともなうため、振動センサーが必要です。また、ちょっとした揺れでLEDが点灯するのではなく、震度3以上のように、一定以上の揺れを感じたときだけ点灯させるソフトウェア的な処理も必要です。震度の情報をサーバで集約すれば、詳細な震度マップの作成も可能になるでしょう。

冷蔵庫の中身をスキャンしてサーバに送信し、あり合わせの具材でできるレシピを提案したり、作りたいメニューから不足した具材を提案したりするサービスでは、画像センサーが欠かせません。冷蔵庫の内部温度をモニターする温度センサーも活用できます。

このように、アイデア次第で使うべきセンサーは自ずと決まってくるものですが、どのセンサーでも使えるというわけではありません。身の丈IoTでは汎用的なモジュールやパーツを組み合わせていますが、供給電圧が5Vであることが多く、動作電圧の異なるセンサーを使う場合は降圧や昇圧が必要です。また、冷蔵庫の中に設置する場合は、センサーの検出原理から設置環境の制限を受けることがあるため、動作温度に気を付ける必要があります。

センサーは目的ありき

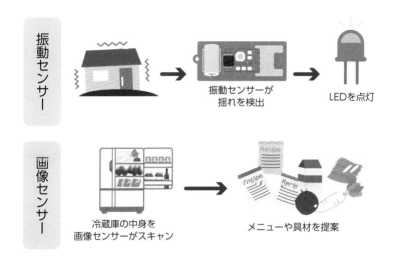

振動センサー

振動センサーが
揺れを検出

LEDを点灯

画像センサー

冷蔵庫の中身を
画像センサーがスキャン

メニューや具材を提案

▲導入目的や環境によって適合するセンサーの種類は異なる。各センサーがどのような機能を持っているのかは最低限把握しておかなければならない。

センサーとその条件

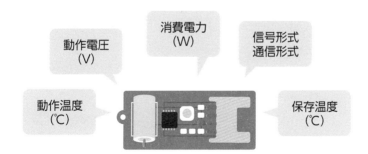

消費電力
(W)

動作電圧
(V)

信号形式
通信形式

動作温度
(℃)

保存温度
(℃)

▲センサーによって動作電圧や電流などは変化する。何を測定するのかを明確にしたうえで、用途に合ったセンサーを選ぶ必要がある。

051

【デバイス編】マイコンボードは
どれがよい?

マイコンボードは特長や目的で選ぶ

ひと口にマイコンボードといってもその種類はさまざまです。ここでは代表的なマイコンボードを紹介していきます。

Raspberry Piは世界中で使われているマイコンボードです。低価格でありながら性能が十分で、かつ豊富な実績の蓄積により情報量が多いことが特長です。高性能な「Model B」、コンパクトな「Model A」、さらに小型の「Zero」、組み込み用の「Compute Module」と豊富なバリエーションがそろっています。

Arduinoは日本国内では電子工作の定番ともいえるマイコンボードです。オープンで使いやすい開発環境が整備されており、誰でもかんたんに開発することができます。多彩なモデルがありますが、代表的なのが「Uno」で、シンプルな機能に絞られているため扱いやすく、プロトタイプ開発に向いたデバイスといえます。より本格的な仕上がりにしたいのであれば「Pro」が、複雑なシステム開発を行うのであれば「Mega」がおすすめです。

JetsonはNVIDIAが提供するマイコンボードです。高性能なGPU開発で定評あるNVIDIA製であることもあって、自動制御などAI用途に特化していることが特徴です(052節参照)。

マイコンボードを使う場合は、多種多様なモジュールを利用したモジュール型開発が主流です。たとえば、モーターを使いたいときにモーターモジュールをマイコンボードに組み合わせるといった方法で、この場合はモーターが変わればモジュールを変更するだけで済むというメリットがあります。

代表的なマイコンボード

Raspberry Pi

Arduino

- ・高性能で低価格
- ・高い拡張性
- ・豊富な情報量
- ・Model B / A, Zero, Compute
  Moduleという多彩なラインナップ

- ・シンプルで低価格
- ・コンパクトで電子工作に最適
- ・使いやすい開発環境
- ・Uno, Due, Mega, Micro, Mini,
  Nano, Proという多彩なラインナップ

▲デバイスを遠隔で管理するためには制御装置が欠かせない。小型で低価格のものも出ているため、中小企業でも人気を集めている。

モーターの制御を含んだ開発

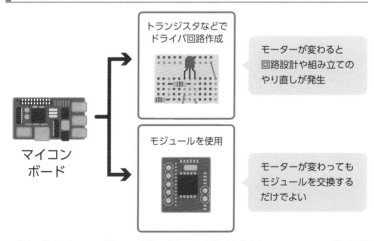

マイコン
ボード

トランジスタなどで
ドライバ回路作成

モーターが変わると
回路設計や組み立ての
やり直しが発生

モジュールを使用

モーターが変わっても
モジュールを交換する
だけでよい

▲現在は汎用ボードにモジュールを組み合わせる方法が主流となっている。トランジスタ回路を組む必要がなく、モジュール交換だけで済むため、余計な工程を省くことが可能だ。

052

【デバイス編】高速処理を実現する超小型AIコンピュータ

AIをやるなら超小型AIコンピュータを取り入れるべし

051節で紹介したように、マイコンボードの中にはAI用途に特化したデバイスがあります。これは機械学習（画像認識など）を主な目的としており、GPUによる並列処理を高速に実行できるなど、性能面で特化されています。

その代表ともいえるのが「**Jetson Nano**」です。128 基もの GPUコアを実装しており、独自のCUDA（GPU上でプログラミングするためのソフトウェアプラットフォーム）アーキテクチャのもとで動作します。NVIDIAのJetsonファミリには、Jetson TX2、Jetson Xavier NX、Jetson AGX Xavierといったシリーズがあり、求める性能や予算に応じて最適なシステム構成が取れるようになっています。特筆すべきは、すべての製品において、NVIDIA JetPack SDKという共通のソフトウェア開発基盤を利用することで、将来のスケールアップなどが容易なことです。

AIコンピュータで欠かせないのが「エッジコンピューティング」です。IoTではデバイスが取得した情報をサーバで処理しますが、データ量が大きくなるとゲートウェイやサーバの負荷が大きくなります。とくにAIのように扱うデータ量が膨大な場合は、システム全体の性能に深刻な影響を与えかねません。エッジコンピューティングは、中央で1台のサーバが処理するのではなく、デバイスの近くに分散配置されたサーバが処理を行い、システムの性能を維持する技術です。リアルタイムに近い速度で処理するため、IoTを実現するうえで欠かせない技術の1つです。

汎用マイコンボードと超小型AIコンピュータ

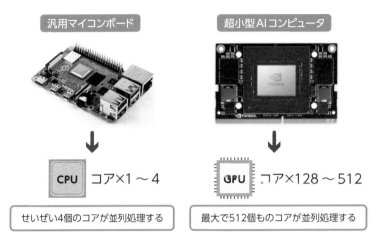

汎用マイコンボード

超小型AIコンピュータ

CPU コア×1 ～ 4

GPU コア×128 ～ 512

せいぜい4個のコアが並列処理する

最大で512個ものコアが並列処理する

▲IoTでは処理速度の速さが求められる。超小型AIコンピュータであれば一度に大量のデータを高速処理することができるため、分析した結果をすぐに反映することが可能だ。

エッジコンピューティングのしくみ

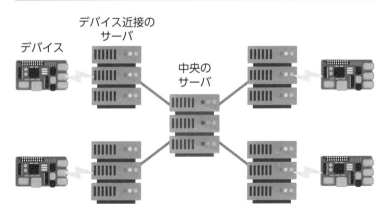

デバイス

デバイス近接の
サーバ

中央の
サーバ

▲デバイス近くのサーバが処理することで、中央サーバの負担を減らすことができる。リアルタイム性が確保できるため、IoT実現には必須の技術といえる。

053

【クラウド編】開発の土台となる「IoTプラットフォーム」

IoTプラットフォームはサービス化のための基盤

　IoT実現のためにはデバイスやセンサーが欠かせませんが、必要なのはそれだけではありません。ユーザーに価値あるサービスを提供するためには、センサーが取得した膨大なデータを収集・蓄積し、集められたデータを活用していくことが求められます。しかし、データの収集・蓄積・分析を行うために一からシステムを構築していては、多大な労力やコストを費やさなければなりません。それを支えるものが「**IoTプラットフォーム**」です。

　IoTプラットフォームは、IoTを運用するための土台のようなもので、データを保管したり、AIによるデータ分析を行ったりしています。いわゆるクラウドサービスの一部として提供されていることが多く、主な機能としては、「**①データ収集**」「**②データ蓄積**」「**③データ解析**」などが挙げられます。大半はこれらすべてを備えていますが、一部しか備えないものもあるため注意が必要です。

　IoTプラットフォームを提供する企業は、主に日本、米国、ドイツ、中国などに集中しており、欧州各国、アジア各国がこれに続くという構造です。日本ではNTTや三菱電機、富士通、米国ではIBMやアマゾン、マイクロソフト、グーグル、ドイツではシーメンスやSAP、中国ではアリババやファーウェイなどが主要なIoTプラットフォームベンダーとして知られています。中でも有力なのは、ITの巨人といわれるIBM、アマゾン、マイクロソフト、グーグルらが提供するプラットフォームです。各プラットフォームを比較して、自社にマッチするものを選択しましょう。

IoTプラットフォームの主な機能

データ収集・蓄積

センサーからあらゆる情報を収集して蓄積する

データ可視化

データを可視化することで効率的に活用できる

データ分析・活用

収集した膨大なデータを分析してビジネスに活用する

▲IoT導入に際しては、データを収集・蓄積するだけでは意味がない。稼働状況をリアルタイムに把握したり、異常がないかどうかを確認したりすることで、最終的にビジネスに活かすことができる。

主要なIoTプラットフォーム

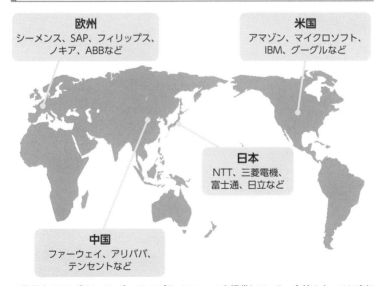

欧州
シーメンス、SAP、フィリップス、ノキア、ABBなど

米国
アマゾン、マイクロソフト、IBM、グーグルなど

日本
NTT、三菱電機、富士通、日立など

中国
ファーウェイ、アリババ、テンセントなど

▲世界中のさまざまなベンダーがIoTプラットフォームを提供している。自社のケースに応じて最適なものを選ぶとよいだろう。

054

【クラウド編】IoTプラットフォーム の選定方法

IoTプラットフォームは特長や目的に応じて選ぶ

053節でIoTプラットフォームの概要について取り上げましたが、ここでは代表的なIoTプラットフォームを紹介していきます。

AWS（Amazon Web Services） では、「**AWS IoT**」が提供されています。IoTデバイスとAWS IoT間をセキュアに接続することができ、1対多通信も可能なので、接続した1台のデバイスから複数のデバイスにデータを送信することができます。AWSの特長は、EC2、S3、RDSという3つのサービスを軸とした120を越える豊富なサービスを、初期費用を抑えて利用できることです。

Microsoft Azure（アジュール）では、「**Azure IoT**」が提供されています。Azureは米国マイクロソフト社の提供するクラウドサービスで、マイクロソフト製品との親和性が高いのが特徴です。Azure IoTは業種や規模を問わずあらゆる企業が利用できるように構築されており、IoTの実現に必要な機能が備わっています。クラウド上に集約したデータをAIや機械学習で分析するモジュール機能も用意されています。

IBM Cloudでは、米国IBM社の提供するクラウドサービス「**IBM Watson IoT Platform**」が提供されています。IoTデバイスの活用が容易にできるように設計され、デバイスの接続や制御、保管などさまざまな機能を有しています。それまでBluemixというサービスでしたが、2017年にIBM Cloudとして統合され一本化されました。WatsonというAI（人工知能）に特化したサービス・ツールの提供により、収集データの迅速な可視化が可能になっています。

代表的なIoTプラットフォーム

AWS IoT

https://aws.amazon.com/jp/iot/

Azure IoT

https://azure.microsoft.com/ja-jp/overview/iot/

IBM Watson IoT Platform

https://www.ibm.com/jp-ja/marketplace/internet-of-things-cloud

▲それぞれがIoTデータの収集や分析のために必要な機能を提供している。費用や性能、使いやすさなどを総合的に判断して選択するとよいだろう。

055

【クラウド編】データ分析は
ビジネス活用の重要な役割を担う

IoTプラットフォームのデータ分析へのアプローチ

　デバイスやセンサーが収集した膨大なデータは、どのように分析してビジネスに活かすのかという視点を持たなければ、ただのストレージの肥やしとなってしまいます。053節や054節で紹介したIoTプラットフォームはデータ分析のための機能を備えています。ここでは、そのデータ分析という視点で掘り下げて見ていきます。

　Azure IoTは、機械学習と予測のためのさまざまなアルゴリズムをPaaSという形で利用できます。アルゴリズムは回帰分析や分類、クラスタリングなど25種類用意されており、集められたデータはまとめて処理するバッチ処理、常時処理するストリーム処理によって分析されます。Excelで利用できるようなわかりやすい形で結果を取り出せたり、Power BIというBI（Business Intelligence）ツールでリアルタイムに分析したりすることが可能です。

　IBM Watson IT Platformは、音声認識、画像認識、文章検索、照会応答といった機能を、Watson APIでPaaSという形で利用できます。さらに、機械学習のモデル開発・データ分析のための統合環境である「Watson Studio」、テキストに特化した学習ツール「Watson Knowledge Studio」をSaaSという形で利用できます。

　そのほかにも、AWS IoTでは、AWSのサービスであるAmazon ForecastやAmazon RekognitionといったAIサービスを利用することができます。

　IoTプラットフォームにおけるデータ分析では、クラウドサービスの持つAIサービスを利用するのが主流になっています。

4

低価格で誰でもできる！ 身の丈IoTの第一歩

Azure IoTにおけるデータ収集から活用までの流れ

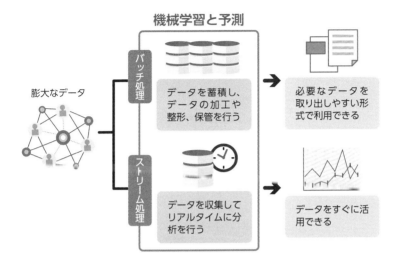

▲Azure IoTにはデバイスの接続や管理といったさまざまなサービスが含まれている。機械学習などと連携すれば、より精度の高い予測が可能だ。

IBM Cloudの提供するWatson

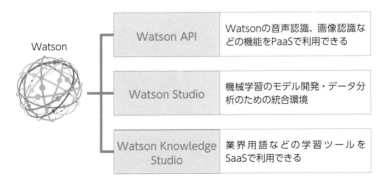

▲IoT運用には常にデータを収集し、可視化や分析などを行う必要がある。IBM Cloudではデータ分析や管理に役立つさまざまなサービスが展開されている。

Column

IoTの展示会に足を運ぼう!

　IoTビジネスは、注目を集めながらも、現状では試行錯誤の段階です。こういった環境の中でビジネスを立ち上げるのであれば、より多くのサービスに触れておくのは有効な手立てといえます。アイデアやビジネスモデルに行き詰まったら、IoT関連の展示会に足を運んでみてはいかがでしょうか。

　たとえば、リードエグジビションジャパン株式会社が主催の「ものづくりAI ／ IoT展」は、製造業向けのIoT・AIソリューションが一堂に集まる専門展です。日本国内に限らず、最新の技術や製品を持つ海外企業も多数出展するため、普段触れることのできないIoT製品やサービスに直に触れることができます。商談を行えたり、最新技術の動向などを学べるセミナーが開催されていたりと、サービス開発のヒントになるだけでなく、導入・利用を検討しているデバイスの選定にも役立つことでしょう。

▲ 「ものづくりAI ／ IoT展」は、世界中の企業が集まる展示会。

Chapter 5

チャンスを逃すな!
IoTビジネスの可能性

056

IoTによりビジネスモデルが大きく変わる!

IoTがもたらす新しい収益モデルとは?

IoT によって変わるのはモノだけではありません。Chapter 4 では、モノを IoT 化させるための技術を見てきましたが、最終章では、IoT が世の中に与える可能性を紹介していきたいと思います。その1つである「ビジネスモデル」を本節で見ていきましょう。

既存の IoT サービスのビジネスモデルでも、従来とは違う形式で提供されている例があります。たとえばスマートロックは、デバイス化した鍵を販売するものですが、今までにない収益が望めるモデルが誕生しています。フォトシンスによる「Akerun」では、リアルタイムに合鍵を作れる「Akerun Manager」や、スマートフォンなどから遠隔操作できる「Akerun Remote」といったオプションが付いており、月額利用料が発生するしくみです。つまり、合鍵などを販売することで利益を得ていた、従来の鍵のモデルではない方法でビジネスを行っているのです。

また、シェアリングエコノミーサービスも新しいビジネスモデルといえます。カーシェアリングを見てみると、スマートフォンなどからのカーシェアを可能にするために、どのくらいのユーザーがどの場所で車両を使いたいのかを把握してビジネスを展開しています。つまり、マッチングサービスが従来のレンタカーと融合したビジネスモデルといえ、ビッグデータ分析や AI なくしては成り立たない、IoT ならではのビジネスモデルといえます。**従来のビジネスをカスタマイズして新しい価値やサービスを提供することができる、それが IoT なのです。**

IoTで従来のサービスはこう変わる

従来

= **鍵の販売のみ**

スマートロック

= **オプション提供が可能**

サービス機能追加
合鍵発行・遠隔操作など

カーシェアリングの場合

従来

= **店舗に行き
レンタル**

カーシェアリング

= **スマートフォンで
レンタルが可能**

ユーザー・登録車両管理などを
クラウドで一元管理

▲既存サービスのIoT化で、ユーザーに新しい付加価値を提供するとともに、スムーズな
サービス環境を作ることができる。

5

チャンスを逃すな！ ——IoTビジネスの可能性

057

IoTを活用した4パターンの ビジネスモデル

IoTのビジネスモデルはこの4つ

　IoT サービスのビジネスモデルを検証すると、「**①プロセス最適化**」「**②使用量に応じた課金**」「**③保守管理**」「**④詳細な情報提供によるサービス拡張**」の4つに分けることができます。

　①プロセス最適化は、たとえば工場設備の IoT 化による生産性向上や予兆保全で、効率性をアップさせるサービスです。製造工程など、従来のフローをビッグデータ収集および分析することで改善を目指します。②使用量に応じた課金は、IoT を支えるクラウドの特徴を如実に表したビジネスモデルといえるでしょう。ユーザーにとって、従来のシステムは導入するために設備投資が必要でした。しかし、クラウドを活用すれば、サーバ設置などの設備投資がなくなり、必要な分だけデータ容量や機能を購入するというスタイルで利用することができます。つまり、サービスを提供するベンダ側からすれば、ユーザー側にシステムを導入させやすくなり、かつ定期的な収益を望みやすくなったということです。

　③保守管理では、IoT によってユーザーがどこにいてもメンテナンスサービスを提供しやすくなりました。たとえば、海外に拠点を持つメーカーが自社製品にセンサーを付け、異常が発生した場合は、国内にすばやく情報が伝わりサポートできるというしくみも、IoT なら実現可能です。そして④詳細な情報提供によるサービス拡張は、プロセス最適化と同様にビッグデータを活用するモデルです。IoT 製品であれば、デバイスから収集されるデータを分析して、よりよい機能の付与などを企画・提供することができます。

押さえておきたい4つのIoTビジネスパターン

プロセス最適化

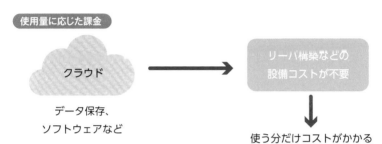

センサーデータ解析

効率化・
生産性向上・
コスト削減

使用量に応じた課金

クラウド

データ保存、
ソフトウェアなど

リーハ構築などの
設備コストが不要

使う分だけコストがかかる

保守管理

故障情報

サポート

メーカー

詳細な情報提供によるサービス拡張

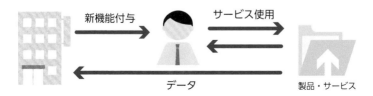

新機能付与　　　　サービス使用

データ　　　　製品・サービス

▲IoTの活用で今までにないサービスを展開することが可能になった。

058

市場はどこまで伸びる？
IoTの将来性

一大成長市場だが、IoT環境創出がキーとなる

　「新たな価値の提供」や「ビジネスチャンス到来」などの注目を集めるIoTですが、今後の市場規模はどうなっているのでしょうか。

　IT専門調査会社であるIDC Japanは、「**国内IoT市場は、2024年に向けて年間平均12.1%で成長し、12兆6,363億円に達する**」と予測しています。東京オリンピック開催による景気上向きの期待を背景に、数多くの企業がIoT市場へ参入するとともに、社会インフラの老朽化対策や交通システムの高度化施策などが支出額を押し上げています。また、BtoCについても高い成長が見込まれており、家電やオートメーションのスマートホームは、2024年には組立製造に次いで2番目に大きな市場となる見込みです。さらに、農業フィールド監視やEV充電設備管理、スマートメーター／グリッドなどは、今後20%前後の高い成長が期待されています。

　しかし一方では、IoT化で世界に遅れをとってきた日本の現状を懸念する声もあります。まず、企業の意識です。これまで国内製造業は、「ハードウェアの品質」を追求してビジネスを展開してきました。しかし、IoTは「モノからデバイス」へ重みが移行し、そして「ソフトウェアが根幹を司る」ビジネスです。"ハードウェアはおまけ"とされるこの変化を、各企業がどれだけ意識できるかが課題です。また、技術者とIT人材が非連携となりがちな業務構造も問題視されています。当然、両者のシームレスな協力体制がなければ、IoTのメリットは活かすことができません。IoTの恩恵を受けるためには、新たなビジネス環境の創生が必須です。

IDC Japanが予測するIoT市場の未来

国内IoT市場支出額予想：2019年〜2024年

（兆円）

7.2 ... 12.6

出典：IDC Japan「国内IoT市場産業分野別予測とユースケース別の事例考察を発表」
https://www.idc.com/getdoc.jsp?containerId=prJPJ46213220

▲IoT市場は右肩上がりで成長を続けている。IoTはさまざまな分野で活用されているため、今後の動向に注目だ。

IoTビジネス成功のために必要なこと

ビジネスの変化への対応

・従来：ハードウェア単体での品質の追求

・今後：デバイス、ソフトウェア、サービスが連動した新たな価値の創出

開発・協力体制の確立

・従来：ハードウェア技術者、IT系の技術者が、それぞれの専門分野で独立して開発

・今後：ハードウェア技術者とIT系人材の連携がしやすい環境づくり

▲IoTの分野で成功するには、意識の改革や環境づくりも必要だ。

059

これからIoT市場に参入して勝ち目はある？

手探りのリスクはあるが、スタートは皆同じ

　凄まじい勢いで続々と登場するIoTサービスですが、もし今、この市場に新規参入したら——果たして勝ち目はあるといえるのでしょうか？　その答えは最後で述べることにして、まずは現状の市場を把握していきましょう。

　各業界の大手企業がIoT市場に参加していますが、市場全体で見れば、大手の存在感はそれほど大きくはありません。活躍している多くはベンチャーで、この10年以内に創業した企業が多いのが特徴です。しかし、ベンチャーといっても、その成長の早さと世の中に与えるインパクトは目を見張るものがあります。たとえば、スマートロック「Akerun」のフォトシンスは、NEDO（国立研究開発法人新エネルギー・産業技術総合開発機構）から助成を受けてスタートしたベンチャーですが、Akerunの販売拡大のため4.5億円の資金調達に成功しています。また、人工知能やディープラーニングを活用したサービスを提供している2012年設立のABEJAは、あの大手グーグルからの出資も受け、累計調達額は60億円を超えました。さらに、トリプル・ダブリュー・ジャパンが開発した、世界初の排泄予測デバイス「DFree」は、約500施設の介護施設や病院で使用されています。

　すでにおわかりかと思いますが、**IoTは従来の産業構造とは異なり、技術やアイデアによって、多大なビジネスチャンスを手にすることができる業界**なのです。

5

チャンスを逃すな！　ーIoTビジネスの可能性

存在感を発揮したIoT企業ラインアップ

フォトシンス

◀2014年設立。NEDOからの補助金採択や大型資金調達でスマートロック業界から高い注目を集める。

ABEJA

◀2012年設立。人工知能やディープラーニングを活用したサービスを提供し、200社以上でAI導入実績を誇る。

トリプル・ダブリュー・ジャパン

◀2015年設立。同社のIoTウェアラブルデバイス「DFree」は約500施設で使用されている。世界規模で事業を展開している。

060
新しい発想が重要!
カギは「アイデア力」

アイデアがあるか否か、そこが明暗を分ける

　ずばり、**IoT 市場で勝つためにいちばん必要なのは、画期的なアイデア**です。優れた技術があっても、新しいユーザー体験を提供できなければ、それは宝の持ち腐れといえます。iPhone を例にするとイメージしやすいですが、発売当初は、しょせんは 10 年前の技術を寄せ集めて作られたものとの揶揄もあったそうです。しかし、蓋を開けてみれば、iPhone は私たちの生活を大きく変え、現在に至っては IoT ビジネスを支える重要なインターフェースすら担っています。つまり、世の中にインパクトを与えるものづくりは、先端技術があればよいというわけではなく、「テクノロジーをどう活用して価値あるサービスを提供していくのか」というアイデア力にかかっているのです。

　しかし、ただでさえモノにあふれ、移り気な購買傾向にある現在、ビジネスとしてアイデアを具現していくことは当然ながらリスクがあります。そこで活用をおすすめしたいのが「IoT 商品化サービス」です。その一例として、ソフトバンクが運営する「＋ Style」があります。＋ Style のサービスは、クラウドファンディングの進化系と考えるとよいでしょう。＋ Style ならではの特徴として挙げられるのは、「資金」「量産設計」「流通」という製品化における川上から川下までのフォロー体制が整っていることで、同サイト内には、アイデアを投稿する「プランニング」、先行販売や受注販売などが行える「ショッピング」の 2 つの機能が実装されています。

アイデアが実現するかも？ ものづくり支援サイト「+Style」

https://plusstyle.jp/

▲ソフトバンクが運営するクラウドファンディングサービス「+Style」。プランニングとショッピングの機能があり、企業は消費者の生の声を参考にしながら、商品開発から販売までを行える。

https://plusstyle.jp/planning/

▲「+Style」が提供するプランニング。企業はアイデアや商品を投稿し、一般ユーザーは意見を述べることで商品を作り上げていく。

061

クラウドファンディングを利用する

IoTはクラウドファンディングと親和性が高い

　近年浸透してきたクラウドファンディングは、プロジェクトやアイデアを実現させたい人が支援者を募るサービスです。

　クラウドファンディングは誰でも参加でき、かつ資金調達などもできるため、個人だけでなく企業が参加するケースもよく見かけます。アイデアや技術はあるが資金に乏しいスタートアップベンチャーなどにとって、登竜門的な役割を担っているようです。しかし最近では、この傾向に変化が表れてきており、名だたる大手企業も参加するようになってきました。

　たとえば、ソニーは参加するだけでなく、自社で「First Flight」というクラウドファンディングサービスを構築し、さまざまなプロジェクトを支援して製品化させています。国内の他サービスに比べて集まる支援金は大きく、大注目されて製品化に至ったスマートウォッチ「wena wrist」は、1,000万円の目標金額に対して1億円以上が集まりました。また、ソニー以外では博報堂アイ・スタジオも積極的にクラウドファンディングを活用しています。スマートフォンに書いた手書きメッセージをプリントできるガジェット「POSTIE」や、犬の生体情報を解析して精神状態を見える化するデバイス「INUPATHY」で、米クラウドファンディング大手「Indiegogo」に挑戦しています。

　これらの事例を見ると、IoT製品が多いことに気付きます。**クラウドファンディングのしくみは、リリースしないと反響を掴みにくいIoTサービスの開発にマッチしている**のかもしれません。

5
チャンスを逃すな！　─IoTビジネスの可能性

クラウドファンディングはIoTサービス開発を加速させる？

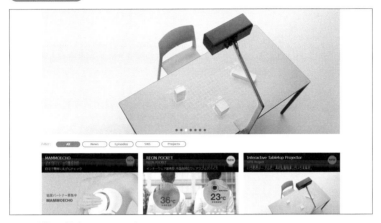

https://first-flight.sony.com/

▲ソニーの自社クラウドファンディングサイトにはEコマース機能もある。新規事業創出や若手人材育成の場として活用。大きな注目を集めたプロジェクトもある。

Indiegogo

https://www.indiegogo.com/

▲アメリカの大手クラウドファンディングサイト。最先端技術を応用した商品を安価に手に入れることができる。

5

チャンスを逃すな！ ― IoTビジネスの可能性

062

成功の秘訣は他業種との
パートナーシップ

オープンイノベーションとは何か?

イノベーションとともに、「オープンイノベーション」という言葉もよく耳にするようになりました。オープンイノベーションとは、企業連携の新たな形といえばわかりやすいかもしれません。

従来の「自社に足りない技術を外部から調達する」「システムをコストの低い会社に開発してもらう」というモデルとは異なり、互いにパートナーシップを構築し、1つのサービスを開発していくこと、つまり、**自社のリソースにこだわるのではなく、複数の会社が目標に向かって隔てのない関係でビジネスを行う**スタイルがオープンイノベーションです。そしてこのスタイルがIoT時代に欠かせないものとなっています。

これまでIoTにはさまざまな技術が使われていると解説してきました。単純に見えるサービスであっても、実際には多岐にわたる分野の技術が必要になるケースはよくあります。つまり、自社のみで開発を行うことは、労働力や開発力、コストなどのあらゆる観点から見てもリスキーなのです。だからこそ、オープンイノベーションが世界で求められているわけですが、ビジネスのビジョンや開発環境などの公開をよしとしない傾向にある日本ではハードルが高いことともいえます。

海外を見れば、LEGOやインダストリアル・インターネットを先導するGEなどに事例があります。一方の日本でも、数は少なくともトヨタ自動車や富士ゼロックスなどが取り組んでおり、オープンイノベーションの国内浸透が期待されます。

オープンイノベーションの事例

海外

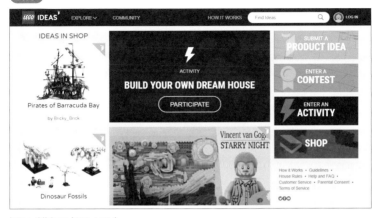

https://ideas.lego.com/

▲「LEGO Ideas」は、企業×消費者のスタイルで、全世界の消費者からよいアイデアを集めて製品に活かしている。

国内

https://openroad-project.com/

▲トヨタ自動車は、パーソナルモビリティ「i-ROAD」の実用化に向け、大企業からスタートアップ企業、一般の人たちとのコラボレーションによって製品づくりを実現させる「OPEN ROAD PROJECT」を行っている。

063
IoTを活用しやすい企業・活用しにくい企業

"ニッポンIoT" 創出のカギは何?

　IoT を有効に活用しているのはどんな企業か?　この問いの答えはかんたんです。それは、IoT に価値を見出し、チャレンジできる企業のことです。その反対に、IoT を有効に活用できない企業にはさまざまなパターンがあるようです。

　1つは、**現状をよしとしている企業**です。一定の売り上げを確保していて、このままのモデルでこの先も事業存続は可能と考えている場合、事業変革がなければ活用できないこともある IoT にそれほど魅力は感じないでしょう。次に、**最初の一歩を踏み出せない企業**です。生産性向上や新事業創出といった課題はあるものの、そもそも IT リテラシーが低く、IoT が有効な打開策となるとは考えていないパターンです。最後に、協業に関連して 062 節で解説したように、**ビジョンや開発環境を外部に公開したくないという企業**も少なくありません。主にこの3つのパターンが要因となり、IoT を活用しにくい企業が登場していると予測されます。

　ほかにも大きなハードルがあります。IoT が産業分野に与える変革は、「集中型」から「分散型」へのシフトです。大手企業が自社工場でものづくりを行う従来の方法に対し、中小企業が他社と連携して優れた生産システムを構築していくことです。しかし、標準通信規格もなく、産学連携の土壌にも乏しい日本では、そこを構築するためのインフラが不足しています。いかに企業が IoT を導入しやすいインフラを政府が整えるか、そこが大きなポイントではないでしょうか。

5

チャンスを逃すな!　－ IoTビジネスの可能性

IoTに参入する企業としにくい企業

IoTを活用できる企業

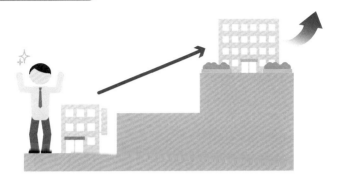

リスクを把握しつつも
新しい分野にチャンスを見出せる

IoTを活用しにくい企業

ITへの知見に乏しい、現状満足などの理由から
未知なチャンスは見送りたい

▲もちろん、IoT参入が必ず成功をもたらすわけではないが、IoTにはチャンスがあるのも事実だ。

064

業種別!
IoT活用パターンを知る

その姿をさまざまに変えて各業界で活躍するIoT

　より具体的にIoTの活用方法を知るために、業種別でどのように IoT が導入されているのかを見ていきましょう。

　まず、小売業では、ビッグデータ収集・分析による「**在庫状況や顧客、商品情報の把握・管理**」がキーであると考えられます。こうした業務は IoT の「可視化」が得意とするところで、リアル店舗を複数展開する小売業に適しているといえます。たとえば、店舗間をネットワークでつなぎ、膨大なデータをリアルタイムで収集できるようにし、かつ機械学習を応用した解析技術で来客数や購買動向、在庫数などを見える化すれば、サービスの最適化や事業戦略を具体的に練ることができます。また、セブン＆アイ・ホールディングスの「オムニ7」のような、店舗やECサイト、通販カタログなどのあらゆる販売チャネルからの購入を可能にするオムニチャネルとIoTの組み合わせも注目されました。同様に、製造業ではビッグデータ活用による可視化によって、**生産プロセスの最適化や設備管理、省エネ**などに取り組んでいます。

　また、医療業界や金融業界でもIoTの活用が進んでいます。とくに注目度の高い医療では、患者の体温や心拍数、血圧などの生体情報をモニタリングし、その情報を各タブレットなどの端末で共有できるスマートデバイスが製品化されています。また、金融ではFintech への関心が高まっており、モバイル端末から支払いが可能なPayPalやSquar、クラウドを使って会計ができるfreeなどのクラウド会計ソフトが登場しています。

各業界のIoT活用パターン

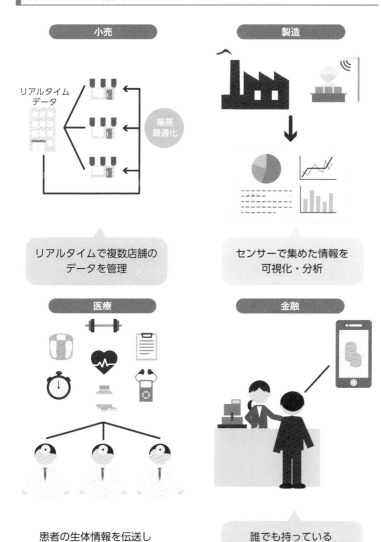

小売

リアルタイム
データ

業務
最適化

リアルタイムで複数店舗の
データを管理

製造

センサーで集めた情報を
可視化・分析

医療

患者の生体情報を伝送し
スマートデバイスで共有

金融

誰でも持っている
スマートフォンで支払い可能

▲IoTは各業界のニーズによりその姿を変え、さまざまなサービスに活用されている。

065

IoTによる可視化が
多くのメリットをもたらす

IoTがゴミ回収を最適化する!?

　IoT による情報の可視化は、1 つの課題を解決するだけにとどまらず、さまざまなメリットをもたらすことがあります。生活や社会を大きく変える可能性を持つ、IoT の魅力といえるでしょう。ここでは、可視化が多くのメリットをもたらした事例を紹介します。

　「**BigBelly Solar**」は、公共／商業施設向けゴミ箱が IoT 化した製品で、システムインテグレーターである日本システムウエアが BigBelly（アメリカ）より独占販売権を得て販売する"スマートゴミ箱"です。スマートフォンの回線網を活用してゴミの蓄積情報をネットワークに送るゴミ箱と、個々のゴミ情報を収集して最適な回収ルートを提供する管理ソフトウェアがその要となっています。つまり、BigBelly Solar はゴミ回収サービスに対してのソリューション（課題の解決策）で、ゴミの蓄積状況がリアルタイムで管理できるようになったことで、ゴミ回収ルートの最適化を図ることができます。いわばゴミの可視化ですが、作業時間の短縮や燃料代の削減、さらにはスタッフの人員配置やゴミ箱の設置場所の最適化までも行うことができ、かつ「無理のない、きれいな街づくり」にも寄与すると考えれば、そのメリットは非常に大きいといえます。

　BigBelly のスマートゴミ箱は世界 46 か国に展開され、累計で 7,000 台以上の出荷実績があります。海外では自治体や大学などに導入され、日本では東海大学と長崎のハウステンボス、東京渋谷の表参道の並木道に設置されています。

国内のIoTゴミ箱設置事例：ハウステンボスリゾート

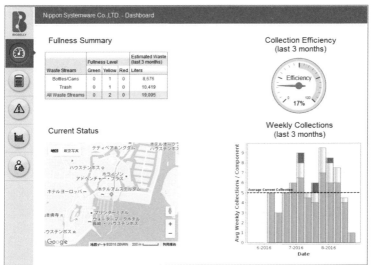

▲ ハウステンボスリゾート内に設置された「BigBelly Solar」。太陽光発電機能を有しており、IoTに対応しつつCO₂を排出しない環境にやさしいゴミ箱だ。

5

チャンスを逃すな！ ── IoTビジネスの可能性

066

IoTの応用は無限大!
発想次第で思わぬ展開も

とりあえずチャレンジ! そこから世界は広がる

BtoB ではいくつか事例が見られますが、BtoC となると、UBER や Airbnb のように、全世界にインパクトを与えるサービスは日本ではまだ登場していません。また、インダストリー4.0 やインダストリアル・インターネットのような一大プロジェクトもまだありません。これを考えれば、世界から IT / IoT 後進国と評価されても、甘んじて受け入れざるを得ないかもしれません。

しかし、既存の産業や生活の従来のシステム・フローに革命を起こすのが IoT ならば、今後チャンスは巡ってくることでしょう。そのチャンスに乗り遅れないためには、やはり固定概念を打ち壊す柔軟なアイデアが必要になると思います。IoT に "使われる" のではなく、その**特性を理解して "使いこなす" アイデアを持つこと**、それが "ニッポン IoT" の実現に求められる最大のポイントかもしれません。ここでは、想像力を最大限発揮してユニークなサービスを実現した IoT の海外事例を紹介しましょう。

「Streetline」は、設置されているセンサーとモバイルアプリの連動によって、ユーザーが駐車場の空き情報をリアルタイムに検索できる駐車場システムです。「COWAROBOT R1」は、障害物や段差を避けながらユーザーのあとを自律走行するスーツケースです。そして、「Parrot Flower Power」は、センサーを植木鉢に挿しておくことで、外気温や太陽光量、肥料濃度、土湿を計測し、リアルタイムな植物の状態をスマートフォンに知らせてくれます。そのほかにも、まだまだユニークな IoT サービスがあります。

5

チャンスを逃すな! ─ IoTビジネスの可能性

日本も負けていない！ ユニークなIoTサービス

ネスレ日本

◀IoTコーヒーメーカー「バリスタi」。スマートフォンと連動し、好みのコーヒーの味を覚え込ませることも。さらに、遠隔地の子どもや高齢者などの見守りにも使える「友達リスト」機能などもある。

au

◀IoT傘立て「Umbrella stand」。スマートフォンと連動し、外出前に光で天気を知らせてくれる。

サンスター

◀IoT歯ブラシ「G・U・M PLAY」。スマートフォンとの連動で、正しい磨き方をしているかを手軽に確認することができる。

067

IoTと働き方改革

ワークスタイルを変えるIoTの "見える化"

少子高齢化による労働人口の減少と経済のグローバル化に対応するため、長時間労働の是正や非正規労働者の待遇改善、ワーク・ライフ・バランスの改善といった**「働き方改革」**は、今やどの企業にとっても必須の課題です。そして IoT は、働き方改革でも大きなビジネスチャンスとなっています。

たとえば、「多様で柔軟な働き方」は働き方改革の重要な柱であり、その一環として、テレワークやフリーアドレスを取り入れる企業が増えています。こうした動きは今後さらに加速していくと考えられますが、場所にとらわれない働き方ゆえに、社員の居場所や勤務状況の把握が困難なことが懸念されています。しかし、IoT を活用すれば、社員の位置情報をかんたんに把握できるようになります。

また、従来型のオフィスや工場、倉庫でも、IoT による見える化は大きな力を発揮します。オフィスや工場ではしばしば、コピー機やプリンターといった OA 機器や、共用の工具や機材、会議室などの設備を利用する際に "取り合い" が発生しますが、機器や設備の位置情報や、利用・稼働状況を IoT で見える化すれば、社員は空き状況をリアルタイムで把握できます。業務の効率化はもちろん、社員の負担軽減にも直結するでしょう。

IoT と AI を利用した業務内容や人員配置、生産・流通・在庫管理の最適化は、企業の生産性向上や省人化の切り札です。**働き方改革でも IoT 活躍の余地は大きく、すでに多くの企業がビジネスチャンスとして活用**しています。

「働き方改革」を支えるIoT

オフィスを見える化する「Beacapp Here（ビーキャップヒア）」

ビーコンを設置することで社員の在席状況をリアルタイムに確認できる

物品の位置を管理できる「Xeye（クロスアイ）」

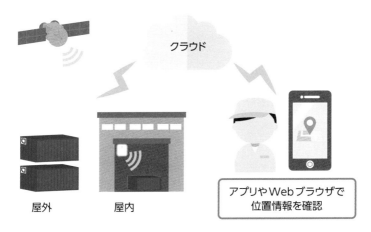

クラウド

屋外　　　屋内

アプリやWebブラウザで位置情報を確認

▲IoTを活用することで、人やモノの場所をリアルタイムに把握できるようになり、業務を効率化することが可能だ。

068

ビッグデータの活用が未来を創る

ビッグデータは私たちに何をもたらすのか?

　IoT の中核を担うビッグデータですが、ビジネスツールとしての普及が進む中で、政府もビッグデータの活用に対して積極的です。2016 年 5 月に公表された「日本再興戦略 2016」素案の中で、2020 年に 30 兆円の付加価値創出を目指すために実現する第 4 次産業革命の重要項として、IoT、AI、ロボット、そしてビッグデータを挙げています。また、同年 3 月には、内閣府の統計委員会が経済統計へのビッグデータ活用を提言しました。このように、ビッグデータには国家レベルで大きな期待が寄せられているのです。では、通常のデータといったい何が異なるのでしょうか?

　ビッグデータはあらゆるデバイスからクラウド上に収集・蓄積されるデータですが、テラやペタといった膨大な量だけでなく、データの種類もさまざまです。顧客データや売上データなどの従来の「構造化データ」のほか、たとえば、SNS やブログのテキストデータ、インターネット上やテレビ・ラジオなどの映像や音声データ、IC カードなどから検知・送信されるデータなど、あらゆる「非構造化データ」が含まれており、技術進展によってデータの解析が可能になりつつあります。

　データの解析が可能になれば、経済全体では**「企業のコスト削減や生産性向上」「新ビジネスや雇用創出」などから成長が期待**できます。また、社会・生活では**「認知→判断→実行」という基本的な行動パターンの迅速化・精度向上が予測できることから、新たな価値の発見に寄与**すると考えられているのです。

5

チャンスを逃すな! ーーoTビジネスの可能性

IoTの中核であるビッグデータの概念図

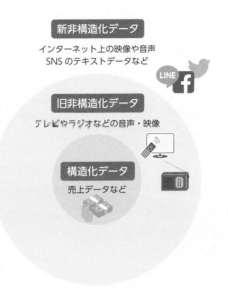

膨大なデータの
収集・蓄積・分析

生産性向上・新たな価値の創出・
社会／生活サイクルの迅速化・高精度化

▲ビジネス上でのビッグデータは、「センサーが得た幾多の情報を解析してサービスにつなげること」と把握してもよいだろう。

069

未来を切り拓くIoT

難問ぞろいのSDGsで力を発揮するIoT

現在のビジネスは、長期的視野で考えた場合、「営利だけ」では成り立たなくなりつつあります。2006年に国連が「PRI（責任投資原則）」を提唱したことをきっかけに、欧米を中心に「ESG投資」（環境・社会・ガバナンスを重視した投資）が急増しました。企業にとって「CSR（企業の社会的責任）」や「CSV（共通価値の創造）」に基づいた経営戦略がますます重要になってきているからです。そして現在、新たなビジネス創出のチャンスとして注目を集めているのが「SDGs（持続可能な開発目標）」です。

SDGsは2015年に国連総会で採択された、2030年までに世界が解決すべきグローバルイシューをまとめた行動目標です。SDGsは「誰一人取り残さない」というそのキーワードが示すとおり、すべての人と地球の持続可能な繁栄を目的としています。

SDGsの目標は、どれもこれまで人類が解決できなかった難問ばかりですが、実は多くの問題でカギとなる最新技術がIoTなのです。SDGsには17の目標と169の具体的目標で構成されており、たとえば「1 貧困」は「FinTech」が、「2 飢餓」はスマート農業が大きな力となりますし、「3 医療」「4 教育」は遠隔医療やウェアラブル端末、リモート教育で解消が見込めます。また、「9 技術革新」「11 都市機能向上、犯罪・災害対策」あたりはまさにIoTの領分といえるでしょう。日本では政府が「SDGs推進本部」を設置し、民間も経団連が「Society 5.0」の名で、**AIやIoT、ビッグデータといった先進技術をフル活用してSDGs達成を目指しています。**

国際社会共通の目標となる「SDGs」

https://www.mofa.go.jp/mofaj/gaiko/oda/sdgs/index.html

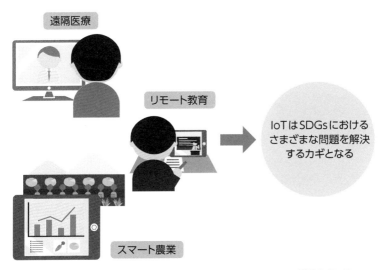

遠隔医療

リモート教育

スマート農業

IoTはSDGsにおける
さまざまな問題を解決
するカギとなる

▲SDGsは17の目標と169の具体的な目標で構成されている。SDGsの目標達成には、IoT
に加え、AIやビッグデータ、5Gといった先進技術を活用することが重要だ。

IoT関連企業リスト

IoTプラットフォーム **Google LLC** URL https://cloud.google.com/solutions/iot	総合IT企業。IoTの分野では「Google Cloud IoT」を提供。データの保存、処理、分析を行うためのツール群を備えており、スケーラブルで機械学習機能を持ったクラウドサービスで構成されている。
IoTプラットフォーム **日本マイクロソフト株式会社** URL https://www.microsoft.com/ja-jp/	Windowsで誰もが知る世界を代表するソフトウェアメーカー。IoTビジネスにも積極的に参入しており、IoTプラットフォーム「Azure IoT Suite」やOS「Windows 10 IoT Core」を提供している。
IoTプラットフォーム **Amazon.com, Inc.** URL https://aws.amazon.com/	ECサイト「Amazon」で知られる米国のWebサービス企業。企業や事業者向けにクラウドを中心としたITサービス「AWS（Amazon Web Services）」を提供し、IoT用途には「AWS IoT」を提供している。
IoTプラットフォーム **日本アイ・ビー・エム株式会社** URL https://www.ibm.com/cloud	米国のIT企業IBMは「IBM Cloud」というIoTプラットフォームを提供している。同社の強みである「Watson」を中心としたAIサービスとの連携が最大の特徴。
IoTプラットフォーム **シーメンス** URL https://new.siemens.com/jp/ja/products/software/mindsphere.html	ドイツを本拠地とする総合的な電子・通信を中心としたソリューション企業。オープンなIoTプラットフォーム「MindSphere」を開発・提供している。
IoTプラットフォーム **ノキア** URL https://www.nokia.com/	フィンランドを本拠地とする通信インフラ・無線製品開発企業。IoTプラットフォーム「IMPACT」を提供している。同社の強みである5G技術を活かしたサービスを国内企業との連携のもとに推進している。
IoTプラットフォーム **ファーウェイ** URL https://www.huaweicloud.com/intl/en-us/	中国のIT企業。IoTプラットフォーム「HUAWEI CLOUD」を提供している。HUAWEI CLOUDは同社の強みである5G技術とAIの連携が特徴。サブブランド「Honor（栄耀）」でスマートTVシリーズなどを展開。
IoTプラットフォーム **アリババ** URL https://www.alibabacloud.com/ja	中国の総合IT企業。IoTプラットフォーム「Alibaba Cloud IoT Platform」を提供している。エッジコンピューティングのためのサービスプラットフォーム「Link IoT Edge」をテスト中。
IoTプラットフォーム **NTTコミュニケーションズ株式会社** URL https://www.ntt.com/	OCN事業で知られるNTTグループ企業。IoT・M2M向けに「グローバルM2M」という通信サービスを提供している。2019年には「IoT Connect Mobile」というeSIM（組み込みSIM）に対応したサービスも提供している。
IoTプラットフォーム **KDDI株式会社** URL https://iot.kddi.com/	国内通信キャリア大手。目的特化型と汎用型のIoT製品「KDDI ITクラウド」、IoT通信サービス、ITソリューションパッケージを提供している。「KDDI DIGITAL GATE」というビジネス開発拠点も提供。

IoTプラットフォーム **さくらインターネット株式会社** URL https://sakura.io/	データセンターサービス企業大手。IoTプラットフォームとして「sakura.io プラットフォーム」を推進。データセンターの強みを活かしたデバイス認証、データ収集、データ蓄積・連携までを統合的に提供している。
IoTプラットフォーム **ソフトバンク株式会社** URL https://www.softbank.jp/biz/iot/	国内通信キャリア大手。IoT向けLPWA通信サービス「NB-IoT・NIDD」をはじめ、IoTデバイス、データ蓄積・分析などのソリューション、API、スマートコンビニなどのパッケージを提供している。
IoTプラットフォーム **株式会社ゼネテック** URL http://www.genetec.co.jp/	組み込みソフトウェア開発をコア技術として、ソフト受託開発やハード開発などを展開。IoTでは、必要なソリューションを必要な分だけ利用できる「カフェテリア式」プラットフォームサービス「Surve-i」を提供している。
IoTソリューション **SAP** URL https://www.sapjp.com/	ドイツに本拠地を置くエンタープライズ向けソフトウェア開発企業。「SAP Leonardo Internet of Things」というIoTソリューションサービスを提供し、アプリケーションからデバイス管理などをパッケージとして提供している。
IoT総合 **株式会社日立製作所** URL https://www.hitachi.co.jp/	いわずと知れた大手電機メーカー。国内で積極的にIoT参入している企業としても知られ、同社の強みであるOT（オペレーショナルテクノロジー）とITを組み合わせたIoTプラットフォーム「Lumada」を推進している。
IoT総合 **富士通株式会社** URL https://www.fujitsu.com/jp/	世界にその名を知られる電機メーカー。「FUJITSU Cloud Service IoT Platform」というクラウドサービスをコアに、IoT活用のためのセンサーデバイスからデータ分析まで幅広いソリューションを提供している。
IoT総合 **三菱電機株式会社** URL https://www.mitsubishielectric.co.jp/	電機メーカー大手。統合IoTサービス「ClariSense（クラリセンス）」の展開を2020年より開始。同社の持つAI技術「Maisart」、セキュリティなどの技術資産、総合電機メーカーならではの知見を統合して提供している。
IoT総合 **日本電気株式会社** URL https://jpn.nec.com/	電機メーカー大手。IoT基盤サービス、エッジゲートウェイ、IoTセキュリティなどの製品・サービスを独自のAI技術群「NEC the WISE」と連携させたIoTソリューションを提供している。
データ通信 **株式会社ソラコム** URL https://soracom.jp/	IoT特化MVNO業者として無線通信をグローバルに提供するプラットフォーム企業。セルラー、LPWA (LoRaWAN、SIGFOX、LTE-M)を1回線からリーズナブルに提供。安全な専用線接続、使い勝手のよい従量課金制などが特徴。
データ通信 **株式会社NTTドコモ** URL https://www.nttdocomo.co.jp/biz/special/iot/	国内通信キャリア最大手。IoTマネージドサービス、グローバルIoTソリューション「Globiot」をはじめ、IoTクラウド「Toami」、高精度GNSS位置情報サービスなどさまざまなソリューションを提供している。

IoT開発製品販売サイト

`電子部品販売` **スイッチサイエンス** URL https://www.switch-science.com/	Raspberry Pi対応の基板やセンサーだけでも250種類以上を取り扱うなどマイコンボードの販売に強い。既存パーツに何かをプラスしたオリジナル商品があるのが便利。スターターキットやセンサーのセット商品もある。
`電子部品販売` **IHC.MonotaRO** URL https://www.monotaro.com/	法人向け電子部品通販の「モノタロウ」を運営する株式会社MonotaROの個人向け通販サイト。法人向けサービスで培った1,800を超える部品の品揃えが特徴。
`電子部品販売` **マルツオンライン** URL https://www.marutsu.co.jp/	秋葉原など全国に実店舗を複数構える電子工作の定番ともいえるサイト。品揃えが豊富で工具やケース、ネジ類などの機構部品も多数販売している。2018年に海外のDigi-Keyと業務提携した。
`電子部品販売` **秋月電子通商** URL http://akizukidenshi.com/	秋葉原にある実店舗とともに、電子工作の定番ともいえるサイト。測定器なども品揃えが豊富で検索機能の使い勝手もよい。ここで販売された部品が電子工作のスタンダードになるほどの影響力があるといわれている。
`電子部品販売` **RSコンポーネンツ** URL https://jp.rs-online.com/web/	英国の電子部品卸であるアールエスコンポーネンツ社の通販サイト。かつての企業向けのサービスを個人向けにも展開したという経緯から、抜群の品揃えを誇る。
`電子部品販売` **せんごくネット通販** URL https://www.sengoku.co.jp/	秋葉原と大阪日本橋に実店舗を構える。豊富な品揃えが特徴。前払いになるが購入代金をコンビニ払いできるため、学生などのクレジットカードを持たない年少者でも利用できる。
`電子部品販売` **共立エレショップ** URL https://eleshop.jp/shop/	大阪日本橋に実店舗を構える。センサーや基盤、モジュールなどが充実している。サイト内にはIoT特集として特設カテゴリーが設けられている。
`電子部品販売` **サトー電気** URL http://www.maroon.dti.ne.jp/satodenki/	秋葉原に実店舗を構える。ディスクリート（単一機能の）部品に強い。通販サイトといいながらメールに注文品を記入して送るなど、オールドファンには懐かしい仕様。
`電子部品販売` **Digi-Key** URL https://www.digikey.jp/	米国ミネソタ州にある世界最大の電子部品通販サイト。同州にある自社倉庫からの直送が特徴であり、法人向けシェアが高い中でも個人向けのサービスに力を入れている。
`電子部品販売` **Mouser Electronics** URL https://www.mouser.jp/	米国テキサス州にある世界的に有名な電子部品通販サイト。Digi-Keyと同等の品揃えを誇る。サイト内はカテゴリー分けがされており使いやすい。

電子部品販売 **Microchip Direct** **URL** https://www.microchipdirect.com/	米国アリゾナ州の半導体メーカーであるMicrochip Technologyが運営する通販サイト。同社の製品をほぼ完全に入手できる。サイトは日本語によるサポートが受けられる。
電子部品販売 **DFRobot** **URL** https://www.dfrobot.com/	中国上海のロボティクス・オープンソースハードウェア企業。開発用ボードが多数あり、より本格的なボードを使いたい場合に便利。Digi-Key、Mouser Electronicsなども同社製品を扱っている。
電子部品販売 **Adafruit Industries** **URL** https://www.adafruit.com/	米国ニューヨークのオープンソースハードウェア関連企業で、小型のモジュールなどを自社で設計・製造・販売している。サイトは写真が楽しく見やすい。ライブ配信や動画撮影なども行っている。
電子部品販売 **Tindie** **URL** https://www.tindie.com/	個人または小規模なIoT開発者たちから直接作品を購入できる。オープンソースな開発環境であるArduinoに使用可能なパーツや、独自のハードウェアを作りたいユーザーのニーズに応えている。
電子部品販売 **PCBA** **チップワンストップ** **URL** https://www.chip1stop.com/	米国コロラド州のアローエレクトロニクス社傘下の通販サイト。国内外の3,000を超えるメーカーの製品の品揃えを誇る。1個から即日発送という小回りのよさも魅力。低価格を武器にPCBAサービスも展開している。
電子部品販売 **PCBA** **Seeed Studio Bazaar** **URL** https://jp.seeedstudio.com/	中国深圳のSeeed Technology Co., Ltd.が運営する電子部品通販サービス。SeeeduinoというArduino互換の独自基板の開発を行うなど、ロボットやAI向けのキットも充実している。PCBAサービスとしてFusion PCBを持つ。
電子部品販売 **PCBA** **Elecrow** **URL** https://www.elecrow.com/	中国深圳のElecrowが運営するPCBAサービス。基板材質などの選択肢は広くないが、最低5ドル以下で発注できるなどコスパがよい。2020年8月現在、ほかのサイトと比べて日本語対応に改善の余地がある。
PCBA **P板.com** **URL** https://www.p-ban.com/	国内随一のPCB、PCBAサービス。基板1枚からでも発注でき、基板の材質や板厚、表面処理などの豊富な選択肢を誇る。国内メーカーなので短納期と品質の高さが特徴。
PCBA **PCBGOGO** **URL** https://www.pcbgogo.jp/	中国深圳のShenzhen JDB Technology Co., Ltd.が運営するPCBAメーカー。基板材質などの選択肢が豊富でPCB試作と小ロット生産が強み。PCBGOGO.JPは日本市場に特化したサービス。
PCBA **Fusion PCB** **URL** https://www.fusionpcb.jp/	中国深圳のSeeed Technology Co., Ltd.が運営するPCBAサービス。コストや選択肢の幅はElecrowやPCBGOGOの中間くらい。電子部品通販サイト「Seeed Studio Bazaar」の豊富な品揃えが利用できる。

Index

記号・数字・アルファベット

+Style ……………………………… 134
5G ………………………………… 88
6LoWPAN ………………………… 82
AHS ……………………………… 34
Airbnb …………………………… 12
Akisai …………………………… 32
Arduino ………………………… 114
AWS IoT ……………………… 120, 122
Azure IoT …………………… 120, 122
BigBelly Solar ………………… 144
BLE ……………………………… 22
Bluetooth ……………………… 80
Connected Industries ………… 56
DDoS攻撃 ……………………… 52
DevOps ………………………… 110
ESP8266 ………………………… 68
GPU ……………………………… 98
IBM Watson IoT Platform …… 120
IEEE 802.11ax ………………… 84
IoT ………………………………… 8
IoTおもてなしクラウド事業 …… 38
IoTおもてなしサービス ………… 38
IoT活用パターン ……………… 142
IoTがもたらす4つの段階 ……… 101
IoTビジネスに必要なもの ……… 106
IoTプラットフォーム ………… 104, 118
IoTプラットフォームの選定方法 … 120
IPv6 ……………………………… 82
Jetson ………………………… 114
Jetson Nano …………………… 116
KOMTRAX ……………………… 34
LAN ……………………………… 78

LiDAR …………………………… 72
LoRa ……………………………… 86
LPWA …………………………… 86
MaaS …………………………… 12
MAN …………………………… 78
Mirai …………………………… 52
OFDMA ………………………… 84
PAN …………………………… 78
PCB …………………………… 104
PCBA …………………………… 104
Raspberry Pi ………………… 114
RFID …………………………… 80
SDGs …………………………… 152
SIGFOX ………………………… 86
SoC …………………………… 68
UBER …………………………… 12
WAN …………………………… 78
Wi-Fi 6 ………………………… 84
Wi-Fi規格 ……………………… 84
Wi-SUN ………………………… 86
ZigBee ………………………… 80

あ 行

アイデア力 ……………………… 134
アイトラッキング技術 ………… 94
旭酒造 …………………………… 32
アニーリング方式 ……………… 101
アニーリングマシン …………… 100
インダストリアル・インターネット …… 56
インダストリー 4.0 …………… 56
ウェアラブルデバイス ………… 16
衛星通信 ………………………… 88
エッジコンピューティング …… 102, 116

オープンイノベーション ………… 138
おもてなし …………………………38
オンライン診療……………………46

か 行

介護 ………………………… 26, 46
回転すし総合管理システム …………94
化学工業 ……………………………28
化学センサー ………………………72
機械学習 ……………………………96
近距離無線通信 ……………………80
空席情報 ……………………………40
組み合わせ最適化問題 ………… 100
クラウドファンディング ………… 136
ゲートウェイ ……………………… 62, 66
国際標準 ……………………………54
コネクテッドカー …………………10

さ 行

サーバ ………………………………62
最新センサー ………………………72
市場規模 ……………………………130
自転車シェアリング ………………42
自動運転車 …………………………10
社内IoT ……………………………104
新型コロナウイルス ………………20
人工知能 ……………………………94
水産業 ………………………………36
スマートハイウェイ ………………44
スマートフォン ……………………60
スマートホテル……………………14
スマートマット ……………………18
スマートミラー ……………………48

スマートロック ………………… 20, 126
セキュリティ ………………………50
センサー ………………………… 70, 104
センサー選び ……………………… 112
センシング …………………………64

た 行

稚魚選別システム …………………37
超小型AIコンピュータ ………… 116
ディープラーニング ………………96
データ分析 ………………………… 122
デバイス ……………………………62
トイレのIoT化 ……………………40
ドローン点検 ………………………30

な・は 行

ニューラルネットワーク ………… 96
働き方改革 ………………………… 148
ビジネスモデル ………… 126, 128
ビッグデータ……………… 92, 150
フィードバック ……………64, 76
プロトタイプ開発 ………………… 108

ま・ら 行

マイコンボード ………………… 104, 114
無線技術を選ぶポイント …………90
無線通信規格 ………………………78
メッシュネットワーク ……………90
リーン開発 ………………………… 110

■ 問い合わせについて

本書の内容に関するご質問は、下記の宛先までFAXまたは書面にてお送りください。
なお電話によるご質問、および本書に記載されている内容以外の事柄に関するご質
問にはお答えできかねます。あらかじめご了承ください。

〒162-0846
東京都新宿区市谷左内町 21-13
株式会社技術評論社　書籍編集部
「60分でわかる！　IoTビジネス最前線［改訂2版］」質問係
FAX：03-3513-6167

※ご質問の際に記載いただいた個人情報は、ご質問の返答以外の目的には使用いたしません。
　また、ご質問の返答後は速やかに破棄させていただきます。

60分でわかる！　IoTビジネス最前線［改訂2版］

2016年11月15日　初版　第1刷発行
2020年10月27日　第2版　第1刷発行

著者	IoTビジネス研究会
発行者	片岡　巌
発行所	株式会社　技術評論社
	東京都新宿区市谷左内町 21-13
電話	03-3513-6150　販売促進部
	03-3513-6160　書籍編集部
編集	リンクアップ
担当	田村　佳則（技術評論社）
装丁	菊池　祐（株式会社ライラック）
本文デザイン・DTP	リンクアップ
製本／印刷	大日本印刷株式会社

定価はカバーに表示してあります。

ISBN978-4-297-11623-1　C3055

Printed in Japan